Gerhard Riecker
Wissen und Gewissen

Springer-Verlag Berlin Heidelberg GmbH

Gerhard Riecker

Wissen und Gewissen

Über die Ambivalenz
und die Grenzen
der modernen Medizin

Springer

Professor Dr. med. Gerhard Riecker
Kastanienallee 14
82049 Großhesselohe

ISBN 978-3-540-67089-6

Die Deutsche Bibliothek - CIP Einheitsaufnahme

Riecker, Gerhard:
Wissen und Gewissen : über die Ambivalenz und die Grenzen der
modernen Medizin / Gerhard Riecker. - Berlin ; Heidelberg ; New York
; Barcelona ; Hongkong ; London ; Mailand ; Paris ; Singapur ; Tokio
: Springer, 2000
ISBN 978-3-540-67089-6   ISBN 978-3-642-57316-3 (eBook)
DOI 10.1007/978-3-642-57316-3

Satz: Datenübernahme Springer-Verlag, Heidelberg
Einbandgestaltung: E. Kirchner, Heidelberg
SPIN 10845575   8/3111 - 54321 - Gedruckt auf säurefreiem Papier

Bene agere et laetari
(Spinoza)

Vorwort

Die gedankliche Ausgangsposition. Auf dem Boden der
eng gefaßten analytischen Philosophie in ihrer Ausgestal-
tung als wissenschaftlich-technischer Positivismus erschien die Medizin in der ersten Hälfte dieses Jahrhunderts (und bei den meisten Ärzten bis heute) als ein methodologisch geschlossenes (selbstreferentielles) System, eine
naturwissenschaftlich begründete Disziplin. Unübersehbar
ist aber, daß sie in vielerlei Hinsicht ihre engeren Fach-
grenzen überschritten hat. Je mehr sie sich nicht mehr
allein fachspezifisch mit dem objektiv erfaßbaren Krankenschicksal befaßt, sondern die individuelle Verkettung mit
den allgemeinen gesellschaftlichen Belangen berührt (Euthanasie, Gentechnologie, Organtransplantation, künstliche Intelligenz), gerät sie unausweichlich in einen öffentlichen Diskurs hinsichtlich aller ihrer Grundlagen, Traditionsstränge und Methoden. Ihre ambivalenten Absichten
und Entscheidungen bedürfen ebenso wie die aller anderen Wissenschaften der diskursvermittelten Konsensprozesse der Gesellschaft. Letztere sind ein Teil des Wandels, der
in unserer Zeit immer deutlicher hervortritt und sich Geltung verschafft. Wissenschaftliche Freiheit muß sich im
Rahmen allgemeiner sittlicher Wertvorstellungen verwirklichen.

     Ist darüber im Grunde nicht alles schon gesagt?
Kaum etwas, was die Fülle an Denken und schlüssigen Ge-

danken in unserer Kulturgeschichte und Medizingeschichte ausgelassen hat. Gibt es dazu noch etwas zu sagen? Gewiß, denn es geht darum, die sich rasch wandelnden Gegebenheiten der modernen Welt mit dem "alten" Wissen auf den *Begriff* zu bringen. Unsere konkreten Handlungen sollen im Alltag wie auch unter komplizierten Lebensverhältnissen die "Vernünftigkeit" hic et nunc erkennen lassen. Nicht einfach mit dem Blick auf bloße zweckdienliche Gegebenheiten, sondern umgreifender, nach-denklicher.

Zum Begriff "Ambivalenz". Ambivalenz wird in den Sprach- und Literaturwissenschaften zur Bezeichnung in sich widersprüchlicher oder oft nur scheinbar widersprüchlicher Phänomene, in der Psychologie zur Bezeichnung der Gleichzeitigkeit in sich entgegengesetzter Gefühle (oder für innere Konflikte) wie auch in den Naturwissenschaften z. B. Zoologie, Genetik) und in der Medizin, hier im Sinne von Doppelwirksamkeit, Doppelwertigkeit, Zwiespältigkeit verwendet. - Abzugrenzen ist Ambivalenz von Ambiguität (Zweideutigkeit, Doppelsinnigkeit).

Vernetztes (interdisziplinäres) und verknüpftes (philosophisches) Wissen. Die Vielzahl von Querverbindungen und die Vielfalt der interdisziplinären Sachinhalte überschreiten die Kompetenz eines einzelnen. Keiner beherrscht diese komplexe Materie umfassend; um so zwingender für den Autor, sich an die Quellen zu halten und authentische Materialien heranzuziehen. In der Methodenvielfalt des interdisziplinären Dialogs sind jedoch Unschärfen der konkreten Aussage unausweichlich, denn viele Probleme (z. B. des Schwangerschaftsabbruchs, des Zugriffs zum menschlichen Genom oder Probleme bei der Sterbegleitung, beim alltäglichen Umgang mit dem Kranken wie auch Probleme der allgemeinen Lebenspraxis) lassen sich mit den auf partikulare Kausalprobleme gerichteten Denkformen der positivistischen Philosophie eines Karl Popper und der radikalen Sprachforderung eines Ludwig Wittgenstein nicht zur Deckung bringen oder erfüllen. Die inkompatiblen (nicht widersprüchlichen) Positionen von Kausalität und Komplexität sowie von Wissen und Wertbezug charakterisieren die Thematik dieser Schrift.

Gerade an diesem Punkt wird deutlich, daß eine anthropologische Denkbewegung wissenschaftliches und moralisches Denken in einen *allgemeineren Kulturbegriff* einbettet. Der Leser soll sich in seinen persönlichen und sozialen Krisen, in den Stimmungen und Verstimmungen seines Daseins und in der Reflexion über das Schicksal seines Krankseins oder das seines ihm anvertrauten Patienten darin wiederfinden. Die Medizin ist für eine geistige Standortbestimmung deshalb ein brauchbares Exempel, weil sie bis zu einem gewissen Grade das humane Schicksal in seiner Komplexität und in der Geschwindigkeit sozioökonomischen Wandels spiegelt; am Kranken mit seinem Arzt wird einiges deutlicher faßbar. Der wahrhaft Heilkundige, sagt Gadamer, verbindet analytisches Differenzierungsvermögen mit einer ausgeprägten Empfänglichkeit für komplexe Zusammenhänge.

Bei der Breite der Thematik war es unumgänglich, neben den eigenen Überlegungen zahlreiche andere Autoren mit Zitaten, Textauszügen und Kommentaren zu Wort kommen zu lassen. So erschien es mir redlicher, die originalen Quellen heranzuziehen, um an ihrem Reichtum an Sprache und gedanklicher Schärfe zu partizipieren, als deren Inhalt in eigene, sekundäre Formulierungen umzuwandeln. Strikt vermieden wurden bloße Meinungen, Glaubensinhalte, vermeintliches Wissen, Einheitsspekulationen. Daraus entstand eine Materialsammlung, die dem Leser einen ersten Einblick in die Vielfalt dieser Problematik verschaffen soll und ihn zu vertiefter Lektüre anregen und seinen Sensus dafür schärfen möge.

Die Thematik dieses Buches soll, wie der Untertitel zum Ausdruck bringt, die Wertedifferenzen *und* die Erkenntnisgrenzen der modernen Medizin verdeutlichen. Damit stellt sich die Frage nach der Position der (positivistischen) Naturwissenschaften im Umfeld der Denkbewegungen in der Neuzeit bis heute. Es geht um einen gewandelten Begriff von Wissen. Deshalb werden den medizinischen Themen i. e. S. einleitende Kapitel vorangestellt, die die philosophischen Grundlagen (einschließlich der Vernunftethik) dazu liefern sollen.

Mit dem Wortpaar "Wissen und Gewissen" wird die tiefere Verwandtschaft beider Begriffe angedeutet; einmal in dem Sinne, wie verschiedenartig "Wissen" verstanden werden kann, und zum anderen, daß Wissen mit moralischen Überzeugungen und Handlungen eng verknüpft ist (Ge-wissen).

Zur Textform. Der essayistische, d. h. der fragmentarische und unsystematische Charakter dieser Schrift zielt darauf ab, methodisch verschiedenartig erbrachte wissenschaftliche, d. h. erkenntnisrelevante Aspekte mit solchen des individuellen Bewußtseins wie auch mit denen des sozialen Lebens zusammenzuführen und sie so miteinander zu verknüpfen bzw. ins gegenseitige Verhältnis zu setzen, ohne dabei die methodisch gebundenen Aussagen der Einzeldisziplinen miteinander zu vermengen.

Der Essay lebt von seinem Anlaß und seiner aktuellen Thematik. Er bezahlt seine Vorzüge zwar mit einem geringeren Grad an Stringenz, gestattet aber ungeschütztere Parteinahmen und beweglichere Assoziationen und bringt dadurch die Spannung zwischen verschiedenen Positionen unbefangener zum Ausdruck als eine systematische Darstellung, die nach Habermas eine bestimmte Position ausbaut, ohne zugleich deren Beschränkung sichtbar zu machen.

Zur Lesart. Der naturwissenschaftlich denkende und pragmatisch handelnde Mediziner wird begreifen, daß die moderne Medizin Wissen auf Sachgebieten erfordert, die mit dem ihm vertrauten Empirismus der naturwissenschaftlich begründeten Kausallehre nicht deckungsgleich sind. Möglicherweise mit anfänglichem Unbehagen wird er, sobald er sich mit den weiterreichenden geisteswissenschaftlichen Horizonten beschäftigt, dort die im Vergleich dazu und dem Anschein nach doch verläßlicheren Ergebnisse und Anwendbarkeiten (Machbarkeiten) der herkömmlichen Schulmedizin mit ihrem Pragmatismus vermissen. Um aber nicht im Gitterwerk einer vordergründigen (naiven) Kausallehre hängen zu bleiben, wird der Zwang, seine ärztlichen Handlungen übergreifenden Perspektiven und individuellen Wertungen zu unterziehen, unausweichlich. Schließlich wird er aber einsehen müssen, daß die Methoden der positivistischen Wissenschaften auf die elementaren Grundfragen der Neuzeit: *Was kann ich wissen? Wie* *soll ich handeln? Was kann ich hoffen? Was ist der Mensch und wer bin ich?* wegen ihrer partikularen, methodisch bedingten, d. h. auf eine Referenzebene beschränkten Erkenntnisfähigkeit keine ausreichenden Antworten geben können und zu ihrer Durchdringung eines "verknüpften Denkens" bedürfen.

Methodologisch ist in den Naturwissenschaften die Natur das Objekt der Untersuchung. Soweit die Natur des Menschen befragt werden soll, ist der Mensch gleichfalls Objekt (Ding) naturwissenschaftlicher Untersuchung. Das reflektierende Subjekt hingegen, das den Menschen in dieser Hinsicht von anderen Lebewesen unterscheidet und sein Menschsein wesentlich ausmacht, kann kein Objekt naturwissenschaftlicher Analyse sein. Deshalb und im Sinne ihres umfassenderen Heilauftrags ist die Medizin keine Naturwissenschaft, sie bedient sich aber immer dann, wenn es um die Natur des Menschen i.e.S. geht, mit Erfolg naturwissenschaftlicher Methoden.

Unerträglich ist jedenfalls der Gedanke, die Problematik der Lebenswelt, des Krankseins und den Kranken selbst allein aus der Perspektive des Objektiven, Dinglichen erklären und verstehen zu wollen und darauf zu reduzieren. Der Mensch ist als "naturgeschichtlich konditioniertes Menschentier", als Objekt der Natur allein, nicht zu begreifen.

Zur Zitierweise. Kürzere wörtlich übernommene Zitate wurden mit Anführungszeichen versehen, längere typographisch kenntlich gemacht. Für verkürzte oder inhaltlich abgewandelte Passagen findet sich am Ende der entsprechende Literaturhinweis.

Zum Dank. Dankbarkeit gilt als die angenehmste unter den Tugenden. Wir Älteren schulden angemessene Dankbarkeit den noch Älteren - unseren philosophischen und medizinischen Lehrern. Es gibt aber auch eine Geste der Dankbarkeit an die Jüngeren als eine Art Gegengeschenk - oder man kann auch sagen: erwiderte Freude - für das, was von ihnen an uns gegeben worden ist.

Wenn man einmal davon ausgeht, daß auch wir älteren unsere teils tradierten, teils von uns leidenschaftlich im Streit und Dialog entwickelten Ziel- und Wertvorstellungen hatten und noch haben, muß es uns mit tiefer Genugtuung erfüllen, wenn wir erleben dürfen, daß es Jüngere gibt, die diese Stafette aufgenommen und auf *ihre* Weise produktiv weitergegeben haben. Davon lebt eine Kultur, davon lebt auch dieses Buch.

Freunde und Kollegen haben die Arbeit an diesem Buch mit kritischen Anmerkungen und Ratschlägen begleitet. Mein Dank geht vornehmlich an die Professores Eberhard Buchborn (Innere Medizin, München), Dietrich von Engelhardt (Medizinethik/Wissenschaftsgeschichte, Lübeck), Rafael Ferber (Philosophie, Zürich), und Fritz Krück (Innere Medizin, Bonn).

Dem Verleger, Herrn Prof. Dr. Dietrich Götze, danke ich für seine wohlwollende Bereitschaft, die fachübergreifende Thematik dieses Buches in das Verlagsprogramm einzubeziehen. Mein Dank geht auch an das Lektorat von Frau I. Wittig, das sich, zusammen mit Herrn R. Zolk, Herrn K.-H. Winter und Herrn E. Kirchner mit Sorgfalt und Ideen bemüht hat, das Textmaterial zu einer Edition aufzuarbeiten.

München, im März 2000   GERHARD RIECKER

Inhaltsverzeichnis

1 Wissen im Zwiespalt 1

1.1 Entdeckte Vielfalt - gesuchte Einheit 1

1.2 Das Zeitalter der Aufklärung..................... 5

1.3 Vielfalt der Fachsprachen 8

1.4 Ohnmacht der rationalen Sprache 11

1.5 Besinnung auf die Lebenswelt................... 14

1.6 Die ontologische Differenz 17

1.7 Die Dialektik der Aufklärung 20

1.8 Die Theorie des kommunikativen Handelns 22

1.9 Aspekte der gegenwärtigen Philosophierichtungen . 25

2 Das cartesianische Denken..................... 35

2.1 Die Methodenlehre von Descartes 36

2.2 Logik der Forschung 39

2.3 Reduktionismus und Systemtheorie.............. 42

2.4 Evolutionäre Erkenntnistheorie 50

3 Wissenschaft und Vernunftethik 53

3.1 Fachliches Können und sittliche Tüchtigkeit....... 55

3.2 Moralische Normen versus moralische Ideale...... 60

3.3 Die Ambivalenz wissenschaftlicher Forschung 63

3.4 Forschung am Menschen........................ 67

3.5 Schwangerschaftsabbruch
(Reform des § 218)............................. 69

3.6 Gentechnologie. 73

3.7 Unrechtshandlungen in der Medizin 87

3.8 Die Idee vom guten Arzt 88

4 Ärztliche Ethik und Tierversuche. 95

4.1 Mensch-Tier-Beziehung in der religiösen
und philosophischen Überlieferung. 95

4.2 Tierschutzgesetz. 102

4.3 Aufklärung der Öffentlichkeit. 103

4.4 Ersatz-oder Alternativmethoden 104

5 Fortschrittsgläubigkeit, Wissenschaftsfeindlichkeit
und die neue Romantik. 107

5.1 Die Vorherrschaft von Naturwissenschaft
und Technik 108

5.2 Die Ambivalenz des Fortschritts. 109

5.3 Wissenschaftsfeindlichkeit 110

5.4 Die Sehnsucht nach dem Mythos 111

6 Die forschende und die praktizierende Medizin. . . . 113

6.1 Nachwuchsförderung. 114

6.2 Forschungsschwerpunkte 116

6.3 Ausbildungsmodi. 118

6.4 Der Fächerkanon der Medizin 119

6.5 Methodenvielfalt und Spezialisierung 122

6.6 Das Sisyphus-Syndrom 125

6.7 Grundlagen ärztlicher Entscheidungsfindung. 126

6.8 Was die Medizin therapeutisch leisten kann 138

6.9 Intuitive Entscheidungen. 145

6.10 Rechnergestützte Diagnose und Therapie
(Expertensysteme) 146

6.11 Qualitätssicherung 150
6.12 Häufige Fehler und Fehlerquellen
     in der ärztlichen Entscheidungsfindung 152

7   **Angst und Krankheit** 161
7.1 Angst als Daseinserfahrung des Menschen 161
7.2 Klinik der Angst 164
7.3 Somatoforme Störungen 164
7.4 Der Begriff "Lebensqualität" 168
7.5 Die individuelle Mitentscheidung des Patienten 176
7.6 Ärztliche Entscheidungen auf der Intensivstation ... 180
7.7 Risikogemeinschaft Arzt/Patient 182

8   **Der sterbende Mensch** 185
8.1 Die Angst vor dem Tod 185
8.2 Zur Basistherapie Sterbender 186
8.3 Grundsätze der Bundesärztekammer
     zur ärztlichen Sterbebegleitung 189
8.4 Sterben und Tod in der Literatur, Philosophie
     und Religion 195

9   **Aktive Sterbehilfe** 201
9.1 Ärztliche Beihilfe zur Selbsttötung 203
9.2 Aktive Sterbehilfe (Euthanasie) 204
9.3 Die Thesen von P. Singer 209

10   **Hirntod und Organentnahme** 213
10.1 Kriterien des klinischen Todes 213
10.2 Zur Definition des Hirntodes 217
10.3 Zur Diagnostik des Hirntodes 219
10.4 Juristische Aspekte der Organentnahme 222

10.5 Ethische Probleme der Organentnahme............ 226

10.6 Lebendspende, Xenotransplantation 227

11 Resümee und Ausblick 229

Literatur 247

1 Wissen im Zwiespalt

Der Begriff "Zwiespalt" entstammt dem althochdeutschen Wort "zwispaltic" und leitet sich aus dem Lateinischen "bifidus" (*gespalten, aufgespalten,* sinngemäß aber auch *verzweigt* oder *aufgefächert* und im weiteren Sinne *janusgesichtig*) ab. Wenn man die Wissens- und Wissenschaftsgeschichte durchforstet, wird die Vielfalt von Denkbewegungen und ihren Widersprüchen, Abwandlungen, Antithesen sowie der fortwährende Wandel und die Dekonstruktion von herkömmlichen Denkmustern deutlich.

Unbegründet ist deshalb eine Auffassung von Wissen und Wissenschaft, die auf *linearen* Fortschritt und zeitübergreifende Sinnstiftung abhebt. Vielmehr ist "Wissen im Zwiespalt" das Primum movens seines Fortschreitens.

1.1 Entdeckte Vielfalt – gesuchte Einheit

Ein elementarer Zwiespalt durchzieht die abendländische Philosophie, die mit den Vorsokratikern ihren Anfang nimmt [220], bis in die Gegenwart: zum einen die Subjekt-Objekt-Spaltung, d. h. die Beziehung zwischen Mensch und Natur, die Vorstellung von einer Trennung zwischen betrachtendem Subjekt und einer gegenständlichen (objektiven) Welt, zwischen Geist und Natur, zwischen dem Ganzen und dem Partikularen, Individuum und Gesellschaft, zwischen Sein und Seiendem, System und Umwelt, zwischen Transzendenz und Immanenz, Wollen und Sollen und noch anderen Dualismen.

Zum anderen die Trennung des Individuums von seinem Gegenüber, von der Gesellschaft, des Ichs vom Du, ja sogar von sich selbst. Die sokratische Denkbewegung von Rede und Gegenrede, von These und Antithese – mit einem Wort: der Diskurs – hat, wenngleich unter verschiedenen Prämissen und auf ganz verschiedenen Immanenz- und Wissensebenen, bis heute Gültigkeit. Die Absicht des Dialogs ist zweifach: den Zwiespalt zu entdecken, zu enthüllen und aus der entdeckten Vielfalt eine wenngleich nur zeitlich und inhaltlich begrenzte hypothetische Einheit zu finden – ohne Gewißheit auf eine beschreibbare Gesamtheit. Es gibt kein philosophisches Pfingstfest, in dem ein verstehender Geist über zweckrationalistische Autisten ausgegossen wird. So gesehen darf man die Geschichte der abendländischen Philosophie als eine Geschichte des Scheiterns lesen; wobei das gescheiterte Denken dieses Scheitern durchaus mitbedacht hat, bis es in der Existenzphilosophie und in den sich daran anschließenden Denkweisen der Postmoderne zum zentralen Thema und im Dekonstruktivismus sogar zur Methode (und Mode?) des Denkens avancierte. Oder mit Montaigne gesprochen: "Da die Philosophie keinen Pfad zur Ruhe zu finden vermochte, der für alle gangbar ist, so suche sie jeder auf seinem eigenen."

Es gibt zwar keine letztgültigen Evidenzen im Sinne einer geschauten Wahrheit, es gibt aber Evidenz im Sinne von hinreichender Gewißheit, Augenscheinlichkeit, Einsichtigkeit aus Sachverhalten, als Überzeugung von der Gültigkeit des Urteils (logische Evidenz) und als das, was dem Denken und der Erkenntnis als Kriterium aller weiteren Erkenntnisse einleuchtet. Die sich selbst immer wieder überholende Bewegung argumentierenden Prüfens, für die immer etwas als ungeprüft und darin allein schon als dubios erscheinen muß, hat die Struktur des ans Fremde gebundenen Selbstbestimmens [225]. Und deshalb gibt es von daher keine Rechtfertigung für einen Glauben an die Ordnung, der unserer intellektuellen Bequemlichkeit entspringt. "Und weil uns besonders angenehm ist, was wir uns leicht vorstellen können, ziehen die Menschen die Ordnung der Verwirrung vor, als ob die Ordnung, von der Beziehung auf unsere Vorstellung abgesehen, etwas in der Natur wäre" (Spinoza [228]).

Damit läuft die Forderung jeglicher wissenschaftlichen Theorie auf eine Position der Distanz hinaus, die jeweils herrschende Meinung anzuzweifeln und aufgrund neuer Beobachtungen und Gedanken neue Hypothesen zu gründen, um daraus neue Schlüsse zu ziehen. Denn ohne dieses fortwährende Fragen, Nachfragen, Hinterfragen, d. h. ohne die diskursive Praxis gingen wir als "Gefangene unserer Vorurteile" (Russell [257]) durchs Leben, gebunden an den Alltagsverstand und an unsere gewohnheitsmäßigen, durch Konventionen bestimmten Vorstellungen.

Dieser Prozeß zwischen entdeckter Vielfalt und gesuchter Einheit schwingt, weil in sich widersprüchlich, wie ein Pendel von der antiken Philosophie bis zum Denken der Neuzeit hin und her und prägt vehement den Wandel von Theorieaggregaten, Ideen, Postulaten und Begriffen. Oder modern gesagt: Der Widerspruch wirkt als diskursgenerierendes Moment und dekonstruiert stabile Systeme mit unitaristischen Denkansprüchen. Demzufolge herrscht eine Viel-

falt von Methoden und Perspektiven, und so gesehen ist die
Geistesgeschichte eine Entwicklungsgeschichte des Denkens,
dabei voll von Zwiespältigkeiten; aber nicht als zwingende
Abfolge alternativer Lösungsversuche derselben Probleme,
sondern als Versuche, ganz unterschiedliche Problematiken
neu zu bewältigen [317].

Nach Auffassung von Deleuze ist die Philoso-
phie kein Reservat des Denkens, sie unterhält vielmehr man-
nigfaltige Beziehungen zu den Wissenschaften und den
Künsten; sie ist zu solchen Beziehungen allerdings nur dann
fähig, wenn sie etwas anderes ist als Wissenschaft und Kunst
und den Versuchungen der Positivismen und Logizismen
ebenso wie eines "dichterischen Denkens" nicht erliegt
([221], s. auch [93]). Und Jahre vor seiner Schwärmerei für
Hölderlin-Verse formuliert Heidegger streng:

> Wir müssen uns freilich hüten, das, was dichterisch gesagt
> wird, unbedacht mit dem gleichzusetzen, was wir zu den-
> ken uns anschicken. Das dichtend Gesagte und das den-
> kend Gesagte sind niemals das Gleiche. Aber das eine und
> das andere kann in verschiedenen Weisen dasselbe sagen.
> Dies glückt allerdings nur dann, wenn die Kluft zwischen
> Dichten und Denken rein und entschieden klafft. [231]

Ein anderer Aspekt ist, ob und wann Denken unmittelbar auf
Handeln ausgerichtet ist oder zunächst für sich steht. Heideggers Philosophie denkt zwar phänomenologisch, zielt
aber nicht auf Lebenspraxis. Hingegen trägt bei Dewey [19]
der Erkenntnisvorgang pragmatisch dazu bei, die Welt überhaupt erst zu schaffen, Erkenntnis wird dort erst in den Konsequenzen der Handlung evident (s. S. 24). Am langen Ende
steht eine Kultur als qualitative Summe allen Wissens
(Cassirer [15]).

Im folgenden sollen einige Aspekte aus der Philosophiegeschichte (als Wissensgeschichte) fragmentarisch, gleichsam als inhaltliche Hinweise zur vertieften Lektüre herangezogen werden, jedoch nur soweit sie die Thematik dieses Buches berühren und für die Kritik der Medizin nützlich erscheinen. (Zur vertieften Lektüre der Geschichte der Erkenntnistheorie siehe Vollmer [198, 217], zu den Grenzen der Wissenschaft Rescher [241]. Philosophische Grundbegriffe, z. B. Definitionen des Wahrheitsbegriffs, zum Induktionsprinzip, über die Bedeutungen des Seins, werden in der Einführung von Ferber [336] abgehandelt.)

1.2 Das Zeitalter der Aufklärung

Die Neuzeit und insbesondere die Zeit der Aufklärung im 17. und 18. Jahrhundert ist dadurch charakterisiert, die auf religiöser oder politischer Autorität beruhenden Anschauungen durch solche zu ersetzen, die sich aus der Betätigung der menschlichen Vernunft ergeben und die der vernunftgemäßen Kritik jedes einzelnen standhalten. Kant sagt (1784): "Aufklärung ist der Ausgang des Menschen aus seiner selbst verschuldeten Unmündigkeit. Selbstverschuldet ist diese Unmündigkeit dann, wenn die Ursache derselben nicht am Mangel des Verstandes, sondern der Entschließung und des Mutes, sich seiner ohne Leitung eines anderen zu bedienen" [61].

Statt als monolithisch geschlossenes philosophisches System erscheint die Aufklärung als Projekt der Lebensgestaltung aus der Kraft des Gedankens, als widersprüchliche Reformbewegung der bürgerlichen Intelligenz. Der Mensch als selbstdenkendes und selbstverantwortlich handelndes Individuum ist das programmatische Leitbild der Aufklärung.

Danach ist die Vernunft die einzige und letzte Instanz, die über Methoden, Wahrheit und Irrtum jeder Erkenntnis ebenso entscheidet wie über die Normen des ethisch-politischen und sozialen Handelns. Mit dem Glauben an die Vernunft verbindet sich der Glaube an den Fortschritt, der zwar grundsätzlich seine Grenze im Erkenntnisvorgang selbst hat, aber als unbegrenzt angesehen wird. Mit der Aufklärung beginnt die Verwissenschaftlichung des Daseins, die in unserem Jahrhundert mit der Vorherrschaft der methodisch verfahrenden (auf allgemeine Überprüfbarkeit angelegten) Wissenschaften, die weithin naturwissenschaftlich orientiert sind, ihre Fortsetzung findet (Einzelheiten s. Kap. 2). Die Pervertierung aufklärerischer Ansätze bis hin zur terroristischen Gewalt findet bekanntlich ihren Höhepunkt in der französischen Revolution [79]. Zur Dialektik der Aufklärung s. unten.

Kritisch beschreibt Pascal schon im 17. Jahrhundert die Seinslage des Menschen: Das Spannungsverhältnis, das zwischen Leidenschaft und Vernunft steht, erzeugt einen "Bürgerkrieg im Menschen". Wer Frieden will, schlägt sich nur zu oft auf eine Seite – aber das bringt keine Lösung. Zwar machen uns offensichtlich die Leidenschaften verwirrt, unbeständig, unvernünftig, pflichtvergessen; aber der Zwiespalt liegt ebenso schon in der Vernunft selbst.

Die Vernunft des Menschen sieht sich nämlich immer in extreme Alternativen gerissen, denen gegenüber sie nur mühsam einen Stand gewinnen kann. Der Mensch steht bei Pascal in der Mitte zwischen dem Nichts und dem All, aber er hat kein gemeinsames Maß mit ihnen. Die unendliche Fortsetzbarkeit der Teilung im Kleinen enthüllt einen unerfaßlichen Abgrund ebensosehr wie die unbegrenzte Erstreckung des Raumes im Großen mit Welten über Welten ohne Ende [124, 125].

Aus der Schrift *Was war Aufklärung?* von Vierhaus [29] sei folgende Passage zitiert:

Alte und neue Gegner der Aufklärung fanden sich am Ende des 18. Jahrhunderts in ihrer Kritik bestätigt und lasteten ihr die Verantwortung für Glaubensverlust, Sittenverfall, Kritiksucht und schließlich für die Revolution an. Bei ihrem Versuch, die sozialen und politischen Verhältnisse nach Vernunftprinzipien theoretisch neu zu entwerfen und die Wirklichkeit danach zu gestalten, erweise sie sich als Ideologie einer Minderheit, die im Namen der Vernunft tradierte Ordnungen zerstöre, ohne in der Lage zu sein, eine bessere zu schaffen. Im 19. Jahrhundert wird dieser Vorwurf zum festen Bestandteil aller konservativen Kritik am Liberalismus gehören.

Auch das Urteil in unserem Jahrhundert über die geschichtliche Bedeutung der Aufklärung kann nicht von dem absehen, was von ihren Vorstellungen unerfüllt blieb, was sie beim Wegräumen zerstörte, weil es ihr als Ballast einer Geschichte erschien, die die Menschen daran gehindert habe, mündig, d. h. ihrer Bestimmung gerecht zu werden. Indem sie Veränderung nach vernünftigen Grundsätzen, Fortschritt, Vervollkommnung als praktisch erreichbare Ziele postulierte, hat die Aufklärung Handlungsantriebe freigesetzt, die sich im Sog der demographischen, wissenschaftlich-technischen, ökonomischen und politischen Entwicklung seit dem 19. Jahrhundert zunehmend auf rationale Planung, Steuerung und Beherrschung der Natur wie der sozialen Welt verengt und sich moralischer Bindung entzogen haben.

Aber nicht alles, was der Aufklärung zugeschrieben worden ist, kann auf ihr Konto verbucht werden. Die großen philosophischen Durchbrüche zur Moderne, mit denen die Namen von Spinoza, Bacon, Descartes, Spinoza, Hobbes, Locke, Newton verbunden sind, waren Voraussetzungen der Aufklärung, gehörten ihr selbst nicht an.

1.3 Vielfalt der Fachsprachen

Innerhalb der Medizin beherrscht der Kausalnexus, der technomorphe Krankheitsbegriff, der symptom-eliminierende Therapieansatz, die statistische oder bloß individuelle Empirie die fachsprachliche Kommunikation. Am Beispiel der medizinischen Fachsprache werden der rasche verbale Wandel, die wachsende Inhomogenität ihres Sprachraumes, ihre erkenntnistheoretischen und moralphilosophischen Probleme und ihre engen Verknüpfungen mit der analytischen Philosophie deutlich.

An der beklagenswerten Vielfalt der Fachsprachen bis hin zur Sprachlosigkeit haben aber nicht nur die naturwissenschaftlich-technischen Fachgebiete mit ihrem Spezialistenvokabular, sondern auch die philosophischen Wissenschaften Anteil. Man muß davon ausgehen, daß den meisten Ärzten heutzutage eine humanistische Grundausbildung fehlt, sie in die klassischen Texte eines Platon, Aristoteles, Pascal, auch in der deutschen Übersetzung, nicht eingelesen sind und ihnen die Begriffswelt der modernen (nicht-analytischen) Philosophie rundweg unverständlich ist.

"Was ist das Bedenklichste?", fragt Heidegger in *Was heißt Denken?*; woran zeigt es sich in unserer bedenklichen Zeit? ... Es zeigt sich daran, daß wir noch nicht (philosophisch) denken.

Die Wissenschaft denkt nicht, weil sie nach Art ihres Vorgehens und ihrer Hilfsmittel niemals denken kann, denken nämlich nach der Weise der Denker. Daß die Wissenschaft nicht denken kann, ist kein Mangel, sondern ein Vorzug. Er allein sichert ihr die Möglichkeit, sich nach Art der Forschung auf ein jeweiliges Gegenstandsgebiet einzulassen und sich darin anzusiedeln. [231]

Ein anderes Beispiel: Jedem naturwissenschaftlich geprägten Arzt wird das die historische Rolle der Medizin im Zeitalter der Aufklärung beschreibende Werk von Foucault *Die Geburt der Klinik* [101] (und in *Wahnsinn und Gesellschaft* [299] die Ausgrenzung des Pathologischen als Ausdruck von Machtpraktiken) im ersten Anlauf sprachlich und gedanklich nicht zugänglich sein. Tröstlich für manchen verzweifelten Leser die Meinung von Schopenhauer, der die Philosophie als ein Ungeheuer mit vielen Köpfen, deren jeder eine andere Sprache redet, findet und meint: nichts sei leichter, als so zu schreiben, daß kein Mensch es versteht; wie hingegen nichts schwerer sei, als bedeutende Gedanken so auszudrücken, daß jeder sie verstehen muß [102].

Einigen geisteswissenschaftlichen Autoren wirft man vor, sich von verständlichen Inhalten und Argumentationsmustern abgewendet zu haben und ihre Leser mit komplexen Sinnzusammenhängen zu verwirren. *Laermann* hat dies vor Jahren in einem ironisch formulierten Essay, der mit "Fiat nox" betitelt ist, beklagt:

Wo wissenschaftliche Kommunikation sich nicht mehr an Themen und Argumenten orientiert, wo sie berauscht ist von ihrer eigenen Reichweite und Geschwindigkeit, da kann sie sich als grandios und grenzenlos erfahren, da steigert sich ihr Ichgefühl ins nur schwer Nachvollziehbare ...

Eine theoretische Wissenschaft, die sich nicht dessen bewußt ist, daß die Begriffe, die sie für relevant und wichtig hält, letztlich dazu bestimmt sind, so gefaßt zu werden, daß sie für die Gebildeten verständlich sind und zu einem Bestandteil des allgemeinen Weltbildes werden; in der dies also vergessen wird und in der die Eingeweihten fortfahren, einander Ausdrücke zuzuraunen, die bestenfalls von einer kleinen Gruppe von Partnern verstanden werden, wird zwangsläufig von der übrigen Kulturgemeinschaft abgeschnitten sein; auf lange Sicht wird sie verkümmern und erstarren, so lebhaft das esoterische Geschwätz innerhalb ihrer fröhlich isolierten Expertenzirkel auch weitergehen mag. [103]

Für die Sprache der analytischen Philosophie stehen als moderne Vertreter Wittgenstein und Russell, für die Begründung der formalen Logik Frege und Carnap, für die Logik der Forschung Popper (s. Kap. 2). Nach ersterem kann Sprache nur Ausdruck der Gegenstände in Sachverhalten sein bzw. ist die gültige Sprache die logische, da sie die einzige ist, die die geltenden Gesetzmäßigkeiten ausdrückt. Jede nichtlogische Sprache sei (durch mangelnde Sachhaltigkeit der Begriffe und Sätze), *wissenschaftlich gesehen*, eine Nicht-Sprache, denn sie äußere sich in Formen, die die strenge Gesetzmäßigkeit und Genauigkeit nicht be-

wahren [104, 254, 258]. Die begrifflich oder logisch unge-
klärte Sprache sei für manche Verwirrungen des Denkens
durch die von ihr bewirkten Scheinprobleme verantwortlich. "Alle Philosophie ist Sprachkritik", sagt Wittgenstein.

1.4 Ohnmacht der rationalen Sprache

Im Gegensatz zur analytisch-wissenschaftlichen Position
spricht *Grassi* von der "Ohnmacht der rationalen Sprache".
So haben die italienischen Humanisten durch den Rückgriff
auf Metaphern, auf Bilder, auf persönliche Erfahrungen versucht, das Modell des "Bildens" zu verwirklichen, das im
ausgesprochenen Gegensatz zur rationalistischen Auffassung steht. Sie beziehen sich auf orts- und zeitgebundene
Erwägungen und betonen bewußt das Persönliche, das Individuelle. Was die Humanisten bewegte, war die Überwindung des Dualismus von Rhetorik und Philosophie [105,
106].

Die negative Haltung der analytischen Philosophie gegenüber dem Humanismus, dem wichtige philosophische Bedeutung abgesprochen wird, besteht nicht erst
heute, sondern weist tiefe Wurzeln in der rationalistischen
Einstellung des modernen Denkens auf. So war im 18. und
19. Jahrhundert systematisches Denken eine notwendige
Voraussetzung für die Philosophie.

Der Zusammenbruch einer lebendigen huma-
nistischen Tradition und der Niedergang des in der Philosophie des 19. Jahrhunderts erreichten begrifflichen Nive-
aus beginnt aus der Sicht Gadamers mit dem genialsten
Denker des späteren Jahrhunderts, mit Nietzsche. "Er war in
vielem fast ein Dilettant, der von der neuzeitlichen Philoso-

phie nicht viel verstand und nicht einmal Kant gelesen hatte" [220]. Seine anarchische Weltsicht ("wo Tiefsinn und Mutwillen sich zärtlich an der Hand halten" [222]), seine Denkexperimente als Dionysiker (man denke an seine Seelenverwandtschaft mit Wagner [224]) wie auch seine fehlende Affinität, ja Aversion zum sokratischen Denkprozeß erklären hinreichend die Anfälligkeit seiner Begriffswelt für "ungebührliche Kopulationen" (Thomas Mann); gemeint sind Versuche von Nietzscheanern ganz verschiedener Couleur, weltanschauliche Verbindlichkeiten aus seinen Texten abzuleiten. Thomas Mann in seiner Züricher Rede im Juni 1947: Nietzsche gleiche Hamlet, er erwecke in ihm "Ehrfurcht und Erbarmen". In heutiger Sicht ist Nietzsche als Antezipation ideologiekritischer Deutungsmuster lesbar gegen die Wertblindheit des historischen Objektivismus. Bedeutsam ist seine Fundamentalkritik des Subjektbegriffs: die Neubestimmung des Subjektes als das, was sich in der größtmöglichen Vielheit seiner Perspektiven als identisch verhält [365, 376], gleichsam Befreiungsschläge des Individuums aus fremden Bindungen, aus der Gefangenschaft in Systemen, die die gedankliche Bewegung der *Dekonstruktion* in der modernen französischen Philosophie in Gang gesetzt haben. Michel Foucault: Nietzsche als Gegengift zur normierenden Kraft der Disziplinargesellschaft und der universellen Moral [364] (s. hierzu Deleuze [93, 221] Foucault [4] und S. 26).

Weit entfernt vom positivistischen Wissenschaftsbegriff unserer Zeit sucht Nietzsches *Fröhliche Wissenschaft* ("La Gaya Scienza") die Verbindung verschiedener Immanenzebenen in philosophischen Aphorismen, Liedern und gereimten Sprüchen [222]. Eine letztlich lebensbejahende (epikurnahe) Sprachstimmung aus tiefer Lebenslust könnte man aus seinem "et in Arcadia ego" herauslesen [223]. Wahrlich (nur) eine Lektüre für freie Geister, wie der Untertitel dazu verlautet.

Ablehnend ist die Rezeption seines Werkes bei Russell, dem spröden analytischen Philosophen. Er schreibt dazu in seiner *Philosophie des Abendlandes*:

Ich mag Nietzsche nicht, weil er die Kontemplation des Leidens liebt, weil er den Eigendünkel zur Pflicht macht, weil die von ihm am meisten bewunderten Menschen Eroberer sind. Das letzte Argument gegen seine Philosophie wie gegen jene unerfreuliche, aber in sich konsequente Ethik ist nicht der Appell an Tatsachen, sondern der Appell an das Gefühl. Nietzsche lehnt die allumfassende Liebe ab; mir erscheint sie als die treibende Kraft, die allein alles bewirken kann, was ich für die Welt ersehne. Seine Jünger haben ihre Chance gehabt, doch dürfen wir hoffen, daß es damit bald zu Ende sein wird [230].

Der Denkansatz Nietzsches ist im wesentlichen eine dialektisch argumentierende Rationalisierungskritik, die soziale Desintegration infolge irregeleiteter Naturbeherrschung diagnostiziert. Rationalität und wissenschaftliche Erkenntnis garantieren keine Humanisierung der Welt, sondern bewirken eher das Gegenteil, sobald sie, wie spätestens im Zuge der Aufklärung geschehen, verabsolutiert und als Wert an sich gesetzt werden. Es ist eine Kritik an der instrumentellen Vernunft als Zweckrationalität eines auf Naturbeherrschung zielenden Weltbildes. Seine "neue Aufklärung" fordert die verantwortungsbewußte Selbstreflexion (Vernunftpassion [376]) gegen den Totalitätsanspruch zweckrationalen Denkens [366].

1.5 Besinnung auf die Lebenswelt

Im Gegensatz zu den positiven (empirisch begründbaren, objektiven) Wissenschaften bezieht die nichtanalytische Philosophie (s. bei Grassi [106]) die Subjektivität, das Selbstbewußtsein, die sinn- und seinkonstituierenden Denkleistungen, die spezifischen Ich-Akte, das intersubjektive Sein mit ein. Und zwar in dem Versuch, von den historisch gewordenen Wissenschaften her zu besserer Begründung, zu einem besseren Sich-selbst-Verstehen nach Sinn und Leistung zu kommen, als Stück der Selbstbesinnung des Wissenschaftlers.

Es geht darum, sagt Gadamer, daß wir die Kunst, mit der wir die Wissenschaft objektivieren können, in diese anderen Dimensionen umsetzen lernen, in der sich Lebendigkeit erhält und erneuert [27]; es geht um die "Verlebendigung von Wissen".

In der Sicht von Husserl, Begründer der *Phänomenologie* – in Nachfolge von Descartes (ego cogito) jetzt als Wesenswissenschaft verstanden (ego cogito cogitatum) –, beruht jegliches Erfahren, Erleben, Denken auf Situationen originären Erscheinens; auch die Erkenntnis der Gegenstände (nicht bloßes Meinen) setzt, wie sie "an sich" auch sein mögen, subjektiv-situative Weisen originärer Gegebenheit voraus. Im Gegensatz dazu erhebt objektive Erkenntnis den Anspruch, an die wechselnden subjektiven Erkenntnissituationen nicht gebunden zu sein; das objektiv Erkannte soll gerade nicht bloß subjektiv-relativ "für mich" sondern "an sich", d. h. unabhängig vom Bezug auf Subjekte und die Situativität ihres Erlebens, bestehen [195].

Die Versuchung dieser Denkrichtung liegt nahe, in hermeneutische Denk- und Sprachspiele zu verfallen, die sich in immer größeren Distanzierungen und weiteren Spiralen vom Gegenstand der Anschauung entfernen. Ihr kann durch die Verknüpfung von Hermeneutik und Empirie begegnet werden. Radikale Hermeneutik entsagt notwendiger Empirie, und Empirismus versagt sich dem Denken [108]. Husserl formuliert als "Prinzip der Prinzipien" für alle Philosophie: Sie soll aus originär gebender Anschauung schöpfen und nicht mehr oder weniger behaupten, als ihr auf dieser Grundlage möglich ist (zu den Sachen). Kants Feststellung gelte noch immer: "Begriffe ohne Anschauung sind leer".

"Evidenz" bezeichnet das Erkenntnisziel dieser Form von phänomenologischer Perspektive. Ihr subjektbezogener umfassender Horizont ist - im Gegensatz zur neuzeitlich verwissenschaftlichen Welt - die "Lebenswelt". Der Objektivismus der neuzeitlichen Wissenschaft (s. Kap. 2) verstoße als "Vergessenheit der subjektiven Genesis aller Horizonte", d. h. als ein einseitig zugunsten der Objektivität ausfallendes Wahrheitsverständnis, gegen das ursprüngliche Wissenschaftsideal der Vorurteilslosigkeit.

An dieser für das moderne Denken entscheidenden Wegemarke sei aus einem Essay von Held [120] auszugsweise sinngemäß zitiert:

Husserls Besinnung auf die Lebenswelt, d. h. letzlich auf eine Welt, in der der Mensch zu Hause sein kann, ist von unverminderter Aktualität. Sie könnte heute zu einer philosophischen Fundierung und Vertiefung der immer vernehmlicher vorgetragenen Kritik am Unbewohnbarwerden unserer Welt beitragen und die Wissenschafts- und Zivilisationsverdrossenheit zugleich vor den jugendbewegten Romantizismen der Rückkehr in eine heile vorwissenschaftliche und vortechnische Welt bewahren.

Und weiter: In dieser Verdrossenheit tritt die Spannung zwischen den "two cultures" der Moderne zutage: dem nüchternen Leben in einer wissenschaftlich technisch, rational geprägten Welt mit ihren Organisationen und/oder der erfüllten Existenz in einer geschichtlich-personal gewachsenen Welt mit ihren kulturellen Zeugnissen. Diese Spannung spiegelt sich im Schwanken der gegenwärtigen Philosophie zwischen dem Erbe zweier Traditionsstränge: Dem analytisch-wissenschaftsorientierten Denken empiristisch-positivistischer Herkunft stehen die Versuche gegenüber, transzendentalphilosophische, dialektische, existenzphilosophische oder hermeneutische Ansätze zu erneuern. Husserls Denken besitzt eine Affinität zu beiden Seiten und ist von daher zu einer Vermittlerrolle prädestiniert.

Die *Hermeneutik* (ursprünglich Textinterpretation) als Philosophie einer begrenzten Vernunft durch Verstehen zählt heute zu den wichtigsten philosophischen Richtungen. Je deutlicher sich die Einsicht herausbildete, daß alles Denken und Erkennen sprachlich geprägt und damit an die Vieldeutigkeit der Sprache gebunden ist, desto seltener glaubte man, zu letzten und eindeutig formulierbaren Gewißheiten vorzudringen. Je weniger man die Besonderheit und Begrenzheit der jeweiligen Perspektive des Denkens und Erkennens bestritt, desto stiller wurde es um den Anspruch auf Allgemeingültigkeit und enzyklopädische Systematik. Wer heute ein "System der Philosophie" ausarbeitet, muß sich als Anachronismus bewundern, bestaunen oder belächeln lassen [225].

Verstehen heißt: Man muß sich auf die Sache, um die es geht, einlassen, statt sie wie einen Gegenstand von außen zu betrachten (Gadamer [226]). Diese Formel gründet auf Heideggers "Hermeneutik der Faktizität" [227]. Kein Ereignis, kein Phänomen, kein Wort und kein Gedanke, die nicht *mehrdeutig* wären [221], was sogar für dem Anschein nach eindeutige kausal verknüpfte Prozesse gilt.

1.6 Die ontologische Differenz

Die Existenzangst aus der geschichtlichen Erfahrung, daß die ideale Wertewelt (Weltanschauungen) dahinschwindet und einer rein funktionalen, verdinglichten Welt Platz macht, öffnet den Raum für die Erfahrung einer tieferen Zugehörigkeit des Menschen zum Sein, als es die durch Ideale und Ideen vermittelte sein konnte. Die Existenzphilosophie von Karl Jaspers ist das alle Sachkunde nutzende, aber überschreitende Denken, durch das der Mensch er selbst werden möchte. Dieses Denken erkennt nicht Gegenstände, sondern erhellt und erwirkt in einem das Sein dessen, der so denkt [378].

Heideggers Fundamentalontologie [148] zeigt, wie sich das Sein im Dasein kundgibt, in einer Zeit, welche die cartesianische Distanz des *cogitare* zum *esse* (des Denkens zum Sein) nicht mehr erträgt. Durch die Grundverfassung des Daseins wird die Entgegengesetztheit von Subjekt und Objekt aufgehoben.

In unserer Zeit ist das Sein selber fast vergessen, sagt Heidegger; unsere Gegenwart ist die Zeit der "Seinsvergessenheit", der "Seinsverlassenheit". Eben darum ist sie die Zeit des "Nihilismus"; denn dieser ist die "Geschichte des Ausbleibens des Seins" [122]. Der Mensch ist in diesem Daseinspanorama zunächst und zumeist nicht bei sich selber (uneigentlich), er ist an die Welt verfallen, dem "Man", als Gegenbild zum Selbstsein der Person, ausgeliefert. Mit aggressivem Unterton spricht er vom "Prozeß der fortschreitenden zerstörenden theoretischen Infizierung des Umweltlichen", vom "Entleben" und "Verdinglichen". Gemeint ist mit "theoretisch" die wissenschaftlich begründbare Einstellung zur Welt. "Das Ding ist bloß noch da als solches" [279]. Die Bestimmung des Menschen ist es aber, aus dieser Verstrickung, aus seinem Verfallensein an die Uneigentlichkeit herauszufinden und in Wahrheit er selbst zu werden. Grundlegend ist aus dieser Sicht der Unterschied zwischen Seiendem und Sein, die "ontologische Differenz". In diesem Sinne: "Das Dasein ist hinausgehalten in das Seiende im Ganzen."

Allerdings kommt es in der unaufgearbeiteten Fixierung Heideggers an die Theorie des Bewußtseins zu der oft kritisierten Ausklammerung der Thematik des Sozialen, des Interpersonalen und somit auch Personalen. Daß wir mit der personalen Existenz der Vielheit unterschiedlicher Daseinsentwürfe anderer Menschen, d. h. einer politischen Wirklichkeit ausgesetzt sind, entzieht sich dem singularistischen Aspekt des Heideggerschen Denkens. Mit welchem Recht, fragt Haeffner [121], werden diese Dimensionen aus dem Seinsereignis ausgeschlossen? Gewiß ist das Dasein auch ein Mit-Sein; dieses Mit-Sein kommt bei Heidegger aber nahezu immer nur in der Form der Uneigentlichkeit zur Sprache. Damit aber fallen die Fragen der Gerechtigkeit und der Menschenwürde in der internationalen Gemeinschaft als die Probleme aus, die uns, den Handelnden, von unserer realen Geschichte gestellt werden.

In der subtil recherchierten Heidegger-Biographie formuliert Safranski [282] treffend:

Heidegger, der Erfinder der ontologischen Differenz, ist niemals auf den Gedanken gekommen, eine "Ontologie der Differenz" zu entwickeln; (eine solche) würde bedeuten: die philosophische Herausforderung durch die Verschiedenheit der Menschen und die Schwierigkeiten und die Chancen, die sich daraus für das Zusammenleben ergeben, anzunehmen. Heideggers Irrtum, in den kollektiven Singular "Volk" auszuweichen, zeitigte seine katastrophalen Wirkungen im politischen Klima der Jahre 1932/33.

Löwith kommentiert Heideggers rauschhaften Zustand verallgemeinernd:

Nichts fiele den Deutschen leichter als in der Idee radikal zu sein und im Faktischen indifferent. Sie brächten es fertig, alle einzelnen Fakten zu ignorieren, um an ihrem Begriff vom Ganzen um so entschiedener festhalten zu können und die "Sache" von der "Person" zu trennen [316].

Mit Schmerz empfinden wir heute Heideggers barsche Ablehnung der Kulturphilosophie Cassirers [15] beim Davoser Gespräch im Frühjahr 1929. Für den einen war die europäische Kultur und Zivilisation mit ihren "symbolischen Formen" von Sprache, Mythos, Religion, Kunst, Wissenschaft und Technik ein vielfach vernetztes Zwischenreich, in dem die den Menschen gefährdenden Gegensätze von innerer und äußerer Welt, Trieb und Vernunft, Endlichkeit und Unendlichkeitsstreben zu fruchtbarem und befreiendem Ausgleich kamen. Der andere sah in eben dieser Kultur den verächtlichen Tummelplatz des "Man", das mit seinem "Gerede" den einzelnen von sich ablenkt und ihn um die Wahrheit seines unvertretbaren Daseins betrügt. Im einen Fall sollte die Philosophie dem Menschen helfen, die

Angst vor dem Tod zu überwinden, im anderen sollte sie
ihm den Mut zur existentiellen Angst erst ermöglichen, indem sie ihm das Netz der Kultur unter den Füßen wegzog
(v. Schirnding).

Und erinnert sei hier auch an die kritischen
Ausführungen Karl Mannheims auf dem Soziologentag im
September 1928 über die "Bedeutung der Konkurrenz im
Gebiet des Geistigen": Es gibt keine privilegierten Zugänge,
"Seinsgebundenheit" besitzt jedes Denken – auf seine
Weise. Und:

> Es ist jeweils ein besonderes Sein, worin das Denken des
> einzelnen oder der Gruppen wurzelt. Sie alle besitzen auf-
> grund ihrer Vielfalt einen Kern von "Unschlichtbarkeiten
> existentieller Art". Es geht letztendlich um das Verstehen
> der unschlichtbaren Anteile der seinsgebunden Differen-
> zen in den "Tiefenschichten der menschlichen Weltfor-
> mung" [282]. Oder anders gesagt: Von existentieller Be-
> deutung ist es, der banalen Verdinglichung auszuweichen
> und sich im Denken Wege zum Selbst zu öffnen und die-
> ses Denken in der Lebenspraxis im kommunikativen
> Handeln (s. unten) zu realisieren.

1.7 Die Dialektik der Aufklärung

Kritik der Aufklärung und Diskurstheorie waren Topoi der
"Frankfurter Schule" nach dem 2. Weltkrieg. Von Bedeutung ist ihr unmittelbarer Bezug zum Problem der instrumentellen Vernunft unserer Zeit.

In seinem Werk *Der philosophische Diskurs der
Moderne* [196] bearbeitet Habermas die Verschlingung von
Mythos und Aufklärung am Beispiel der *Dialektik der Auf-*

klärung von Horkheimer und Adorno [197]; es beinhaltet den Versuch, den Selbstzerstörungsprozeß der Aufklärung auf den Begriff zu bringen:

> Die These, die Bezwingung mythischer Gewalten soll auf jeder Stufe die Wiederkehr des Mythos schicksalshaft hervorrufen, wird an der *Odyssee* Episode für Episode durchgespielt. Aufklärung soll in Mythologie zurückschlagen. Die Episoden berichten von Gefahr, List und Entrinnen, und von der selbst auferlegten Entsagung, durch die das Ich, das die Gefahr beherrschen lernt, seine eigene Identität erringt und zugleich vom Glück des archaischen Einsseins mit der Natur, der äußeren wie der inneren, Abschied nimmt. Indem die Menschen ihre Identität ausbilden, lernen sie die äußere Natur um den Preis der Repressionen ihrer inneren Natur zu beherrschen. Es ist das Muster für eine Beschreibung, unter der der Prozeß der Aufklärung sein Janusgesicht enthüllt: der Preis der Entsagung, der Selbstverborgenheit, der unterbrochenen Kommunikation des Ich mit seiner eigenen, als Es anonym gewordenen Natur. Herrschaft über eine objektivierte äußere und die reprimierte innere Natur ist das bleibende Signum der Aufklärung [196].

Und in diesem Sinne: Die vollends aufgeklärte Erde strahlt im Zeichen triumphalen Unheils, weil das für die Aufklärung ursprünglich wesentliche Streben nach Selbstbestimmung sich letztlich als gläubige Hinnahme technischer und wissenschaftlicher Ergebnisse vollendet. Der Respekt vor dem Gegebenen, das die Menschen immerzu schaffen, wird schließlich selbst zur positiven Tatsache, zur Zwingburg eines gesellschaftlichen Verblendungszusammenhanges [197].

1.8 Die Theorie des kommunikativen Handelns

In bezug auf gesellschaftliche Prozesse sowie auf den eingangs erwähnten Diskursbegriff sei exemplarisch die *Theorie des kommunikativen Handelns* von Habermas herausgegriffen: Sie wendet sich gegen die Verengung von Rationalität auf Zweckrationalität und beschreibt kommunikatives Handeln als den grundlegenden Reproduktionsmechanismus aller Gesellschaften. Anders als im instrumentellen und strategischen (rein erfolgsorientierten) Handeln koordinieren die Beteiligten ihre Handlungspläne über Akten der Verständigung auf der Grundlage gemeinsamer Situationsdefinitionen [2, 312].

Danach muß das Paradigma der Erkenntnis von Gegenständen durch das Paradigma der Verständigung zwischen sprach- und handlungsfähigen Subjekten als Idealtypie abgelöst werden.

Genauer: Indem das *Ego* eine Sprechhandlung ausführt und das *Alter* dazu Stellung nimmt, gehen beide eine interpersonale Beziehung ein. Diese ist durch das System der wechselseitig verschränkten Perspektiven von Sprechern, Hörern und unbeteiligten Anwesenden strukturiert. Dem entspricht auf grammatischer Ebene das System der Personalpronomina. Wer in dieses System eingeübt ist, hat gelernt, wie man in performativer Einstellung die Perspektiven der ersten, zweiten und dritten Person jeweils übernimmt und ineinander transformiert. Diese Einstellung von Teilnehmern an einer sprachlich vermittelten Interaktion ermöglicht eine *andere* Beziehung des Subjekts zu sich selbst als bloß jene objektivierende Einstellung, die ein Beobachter gegenüber Entitäten in der

Welt einnimmt. Es wird daraus deutlich, daß in der kommunikativen Vernunft der Purismus der reinen Vernunft nicht wieder aufsteht [196]. – Auf die Kontroverse zwischen Habermas und Luhmann [284, 285] kann hier nicht eingegangen werden.

Gemeint sind damit intersubjektive Verständigungsprozesse, um konfligierende Interessen zu schlichten, um dann schlußendlich einen gemeinsamen (z. B. politischen) Handlungssinn zu kreieren. "Die Einbeziehung des Anderen" [16] im Kosmos der Kommunikation gründet auf der allmächtigen Vernunft, nach deren Ebenbild das Ideal der Zivilgesellschaft geformt ist: als eine Art säkulare Glaubensgemeinschaft, deren Mitglieder hoffnungsvoll dem Ziel der universellen Verständigung entgegengehen [17]. Und zwar mit der Hoffnung, daß mittels der List der Vernunft der Anspruch auf rationales Einvernehmen noch im scheinbar irrationalen Eigensinn waltet und seiner Erfüllung entgegenharrt [16]. Kritiker sprechen diesbezüglich von einem "Diskursimperialismus", der sich nicht vorstellen kann, daß es ein Jenseits von Kommunikation gibt, in dem gleichwohl Sinnverarbeitung stattfindet [338]. Im Zentrum dieser Auseinandersetzungen steht das Verhältnis von Herrschaft und Kommunikation aus der Sicht des Antidogmatikers Foucault [4], mit dem Willen, den Zufall, das Diskontinuierliche und die Materialität in die Wurzel des Denkens und dessen Transformation einzulassen. Der Diskurs ist danach nicht in ein Spiel von vorgängigen Bedeutungen aufzulösen und die Welt wendet uns kein lesbares Gesicht zu, welches wir nur zu entziffern haben. Die Welt ist kein Komplize unserer Erkenntnis. Aus diesem Verhältnis läßt sich dann das Einverständnis darüber ableiten, daß das elementare Prinzip, im "frohen Dissens" sich uneinig zu sein, mit vernunftbestimmter Diskussion zu vereinbaren ist. Kein Konsens ohne Konflikt.

Ähnliche idealtypische und pädagogisch nützliche Denkbewegungen des Miteinander-Denkens und -Streitens finden sich bereits um die Jahrhundertwende im amerikanischen Pragmatismus von Peirce [26], von Dewey [19] und von James [359] mit dem Versuch, eine Verbindung von Theorie und Praxis im Sinne "vernünftiger Allgemeinheiten" und einer "Herrschaft der empirischen Stimmungen" herzustellen: Wahr heißt alles, was sich auf dem Gebiete der intellektuellen Überzeugung aus bestimmt angebbaren Gründen als gut erweist. Die natürliche und soziale Wirklichkeit ist der Raum menschlicher Gestaltung. Erinnert sei an ein früheres Wort von David Hume, wonach die Philosophie in größte Schwierigkeiten geraten werde, wenn sie nicht im täglichen Leben verwurzelt sei.

Kern des Pragmatismus ist der Vorrang der Perspektive des Handelnden, die Befriedigung über die Lösung eines Problems, abseits von "theoretischen Halluzinationen" (gemeint ist hier das Problem "Macht" bei Foucault) (Rorty [59]). Dewey läßt den Gedanken fahren, man könne sagen, wie die Dinge wirklich sind. Vielmehr ist seine Sicht von Objektivität eine Sache der intersubjektiven Übereinstimmung zwischen Menschen und nicht der "richtigen" Darstellung von etwas Nichtmenschlichem. Ideal ist ein Handeln, das Zwecke, Werte und Folgen des Handelns rationalisiert . "In der praktischen Erfahrung sind von Anfang an Subjekt und Objekt vermittelt".

Die modernen "Kommunitaristen" wie beispielsweise Taylor [283], Walzer und Lasch bekämpfen den ausufernden Egoismus der Marktgesellschaft und bewegen mit ihrer Liberalismuskritik das politische Denken in eine Richtung solidarischer Gemeinschaftsbezüge und moralischer Traditionen.

In seinem Werk *Quellen des Selbst. Die Entstehung der neuzeitlichen Identität* geht Taylor [283] drei Aspekten nach:

1. der spezifischen Innerlichkeit, die wir heute dem handelnden Menschen in seinem Verhältnis zur Welt zuschreiben (also die Vorstellung, der jeweils andere sei ein Wesen mit innerer Tiefe);
2. der Bejahung des gewöhnlichen Lebens, die das Familienleben und den Beruf sowie den ganzen Bereich alltäglicher Errungenschaften ins Zentrum rückt;
3. dem expressivistischen Gedanken, die Natur sei eine innere Quelle sittlich relevanten Empfindens – eine Auffassung, die sich vor allem der Romantik und ihrer Reaktion auf Aufklärung und Rationalismus verdankt.

Stets gilt, daß die Quellen, aus denen das Selbst einer Epoche sich nährt, hilfreich sind, solange sie in ihrer Mannigfaltigkeit und Komplexität genützt werden, während sie bei einseitigem Gebrauch und engstirnigem Ausblenden der Fülle verfügbarer Güter borniertе Anmaßung aufkommen lassen.

1.9 Aspekte der gegenwärtigen Philosophierichtungen

Zur diesbezüglichen Lage der in viele Lager gespaltenen "postmodernen" Philosophie – man spricht vom "postmodernen Theoriegemenge" – seien kurzgefaßt drei in bezug

auf das Thema dieses Buches wichtige Denkrichtungen mit
jeweils eigener Physiognomie erwähnt:

- der Strukturalismus (z. B. Levi-Strauss, Lacan);
- der Poststrukturalismus (auch Neostrukturalismus oder Dekonstruktivismus: Derrida [286], Foucault [334], Deleuze
  [93, 221, 229, 287]);
- die Systemtheorie von Luhmann [284].

    In der französischen (nachmetaphysisch den-
kenden) Gegenwartsphilosophie wird auf Nietzsche bezogen, deutlich, daß es keineswegs um einen Abschied von der
Vernunft, vom Subjekt, von der Geschichte, vom Geist, von
der Wahrheit geht, sondern um den Versuch, das unter diesen Titeln Gedachte neu und anders zu denken als die satt-
sam bekannten "Ideenschönheiten" (Balke [229]), gegen einen Mythos vom Ursprung, gegen eine allgemeinverbindli-
che Eindeutigkeit, sogar gegen die Idee vom Ichentwurf aus
Freiheit als Gegenprojekt zu einer Welt der theoretischen
Gewißheit außerhalb des analytischen Settings, des Logo-
zentrismus, weil es für das Individuum keine kohärente
Identität geben kann: Nichtverstehen als Initiationspro-
gramm, um aufs Nichtableitbare zu kommen (Derrida).
Hier geht es um eine Rückkehr zur Geschichte in ihrer Zu-
fälligkeit und um die Aufdeckung von Machtstrukturen
(Foucault [334, 357]). Von diesen Überlegungen leitet sich
der Begriffsinhalt von "Dekonstruktion" [221] ab (s. hierzu
auch Waldenfels [216]).
    Diese Denkweisen öffnen sich – abseits aller
Begründungspraxis der Wissenschaften, Logifizierung und
szientistischer Sprachanalyse – dem Zufall, der Kontingenz,
dem Singulären, dem Ereignis. Davon leiten sich ihre Be-

griffe ohne Referenz auf Erleben oder objektiv erfaßbare Sachverhalte ab.

In rund dreitausend Jahren abendländischer Geschichte hat sich das reflektierende Subjekt Mensch vornehmlich mit sich selbst und gerade noch mit seinem Gegenüber kritisch auseinandergesetzt und entlang der daraus gewonnenen Einsichten seinen jeweiligen Ordnungswillen begründet. Am Ende dieses langen Weges erdenkt sich das moderne Induviduum den Begriff der "Dekonstruktion" und muß unausweichlich die Dekonstruktion seiner tradierten Vorstellungswelt selbst erfahren. In der machtvollen Verbindung von Naturwissenschaften, Technik und Wirtschaft lösen sich herkömmliche Gesellschaftsstrukturen auf und machen einem Wandel Platz, der das poietische Subjekt zugunsten anonym funktionierender Systeme zu verdrängen scheint.

Zeitgenössische Philosophie bahnt sich ihren Weg durch geistes- und sozialwissenschaftliche Disziplinen, und es bleibt offen, ob die Fülle ihrer spekulativen Gedanken in einer neu zu formulierenden *Gesellschaftstheorie* aufgeht.

Zu letzterer gehört die *Systemtheorie* von Luhmann [284] in der Form gesamtgesellschaftlicher Analyse. "Nicht mehr Belehrung und Ermahnung, nicht mehr die Ausbreitung von Tugend und Vernunft, sondern die Entlarvung und Diskreditierung offizieller Fassaden, herrschender Moralen und dargestellter Selbstüberzeugungen wird zum dominanten Motiv" [37].

Weniger dieser revolutionäre Schwung als vielmehr die durch eine präzise Begriffssprache geformte Systemtheorie in bezug auf soziale Ordnungsmuster charakterisiert das gigantische, vieltausendseitige Werk dieses Sozialphilosophen, das sich als konstruktivistische Modellbildung von traditionellen Erkenntnistheorien und "alteuropäischen" Terminologien scharf abgrenzen will. Eine gut lesbare und komprimierte Übersicht dazu findet sich bei Horster [285].

Nicht bestritten wird im Denken Luhmanns die Existenz und die Realität der Welt, ihre Ordnung wird aber vom und für den Beobachter *konstruiert*. Die Operationsweise des Beobachters ist die des Unterscheidens (Differenz). Dadurch etwas bezeichnet zu haben, definiert den Erkenntnisakt. Tradierte Begriffe wie "Teil und Ganzes" oder "Subjekt und Objekt" werden durch das Begriffspaar "System und Umwelt" ersetzt.

Der Begriff "System" ist hier nur denkbar als Gegenbegriff zu "Umwelt"; beide sind different und gerade durch diese Differenz unterscheidbar und beschreibbar. System wird im Sinne von komplexen Handlungssystemen (z. B. Familien, Produktionsbetriebe, Staaten, Kirchen, Gesellschaften) beschrieben; im einzelnen handelt es sich um einen Zusammenhang von Elementen (Mitglieder, Teilnehmer), deren Beziehungen untereinander in Form von Teil- und Subsystemen quantitativ intensiver und qualitativ produktiver sind als ihre Beziehungen zu anderen Elementen. Auf diese Weise wird das System durch "Selbstschaffung" (Autopoiesis) produziert, stabilisiert und emergent intern verknüpft. Soziale Gebilde dieser Art lassen sich mittels Kausalbeziehungen nicht erklären. Das scheitert schon an den zirkulären Interdependenzen, denen komplexe Ordnungen mit ihren Abhängigkeiten und vielfältigen Wechselwirkungen unterworfen sind.

Die erhaltende und schöpferische Operationsweise "Kommunikation" grenzt das jeweilige Gesellschaftssystem von seiner Umwelt, d. h. von anderen Systemen ab. Überall dort, wo Kommunikation aufhört, ist nicht mehr Gesellschaft. Demzufolge grenzt sich Gesellschaft nicht durch Landesgrenzen oder durch einen Kulturraum, sondern durch Kommunikation gegen Umwelt ab. Gesellschaft ist *funktional* in Systeme (d. h. Gesellschaften; z. B. Wissenschaft, Kunst, Religion, Politik, Gesundheitssystem, Recht, Erziehung) differenziert (Gesellschaft der Gesellschaften [284]). In einer funktionell differenzierten Gesellschaft ist keines der Systeme besonders hervorgehoben. Alle Systeme sind gemäß ihrer differenten Funktion ungleich, nicht gegenseitig ersetzbar und stehen nebeneinander. Da ein System in einer komplexen Welt existiert und intern aus kontingenten Strukturen (Elemente: Teilnehmer, Mitglieder) besteht, gibt es keine Gewißheit über seinen Fortbestand. Daher müssen seine Elemente fortwährend dessen Bestand (autopoietisch) zu erhalten versuchen [44].

Eine fundamental neue Perspektive von sozialer Ordnung! Nach Luhmann besteht die Funktion von Systembildungen in der sozialen Realität wie in der Theorie "in der Erfassung und Reduktion von Weltkomplexität" [37]. In der tradierten Bewußtseinsphilosophie haben Welt- und Selbsterkenntnis des Individuums das Bezugsproblem gebildet. Die Systemtheorie Luhmanns bricht mit diesem Ausgangspunkt und hat daher keine Verwendung für den Subjektbegriff. Sie ersetzt ihn durch den Begriff des selbstbezüglichen (selbstreferentiellen) Systems.

Salopp gesagt – und für das Verständnis dieses Buches von Bedeutung – kommt den modernen Dekonstruktivisten aber keineswegs der alleinige Verdienst zu, dekonstruktiv zu denken. Jeglicher Wandel im Denken, politische wie wissenschaftliche Revolutionen, jeder Paradigmenwechsel, jede Falsifikation, der Aspekt des Absurden Camus [175]), die individuelle Revolte als Verweigerung, ferner: Ideologiekritik, Systemzerfall, ja sogar der banale Abschied

von intellektuellen Moden (Beispiel: der "Jargon der Eigent-
lichkeit", s. [263]) und starren Denkmustern setzt, jeweils spezifisch und zwingend, irgendeine neue Idee im
Sinne von "Dekonstruktion" voraus. Wenn man es unternimmt, über die biologistische Auffassung von "Evolution" hinaus auch über eine *geistige Evolution* nachzudenken,
dann gehört das "dekonstruktive Element" ganz ohne Zweifel wesentlich zu einer allgemeinen kulturellen Entwick-
lungstheorie.

Schon bei Pico della Mirandola (1463–1494)
findet sich ein diesbezüglicher Hinweis des Horaz: "Ich aber
nahm mir vor, mich auf niemandes Worte einschwören zu
lassen" [309].

Der Umgang mit Begriffen ist voller Tücken.
Wenn philosophisch falsch verstandene "Destruktion" in
die Beliebigkeit abrutscht, libertäre Bastelexistenzen propa-
giert, die Identiät austauschbar macht, in den fluktuieren-
den Großstadtszenarien zum entleerten Wortspiel der Pop-
und Subkultur verkommt und als Lebensform den schier
grenzenlosen Konsum suggeriert, dann ist der ursprüngliche gedankliche Ansatz, bestehende Herrschaftsverhältnisse
oder despotische Wahrnehmungs- und Erklärungsmuster
zu destabilisieren, verschwunden.

Nach allem nehmen die Perspektiven der modernen Philosophie eine umfassende, im christlichen Glauben verwurzelte Orientierung über die Wirklichkeit nicht
mehr wahr. Die gegen Hegel gerichtete Wendung zur Anthropologie wird von Theologen als Verfallsgeschichte beurteilt: Wer nach Hegel anthropologisch und damit gegen Hegel denke, partizipiere an der neuzeitlichen Ersetzung Gottes durch den Menschen. "Verfallsgeschichte" aus dieser

Sicht deshalb, weil sie Gott auf einen Gedanken des Menschen reduziert und damit nicht mehr das Absolute, sondern den Menschen zur Grundlage des Wirklichkeitsverständnisses macht [5].

Dieser Gedanke erinnert an einen Aphorismus Lichtenbergs, nämlich nicht Gott habe den Menschen nach seinem Ebenbild erschaffen, sondern in Wirklichkeit habe der Mensch Gott nach seinem Ebenbild geschaffen. Zwangsläufig kommt der modernen Philosophie deshalb die Bestimmung zu, über die Modi der praktischen Bewältigung unserer Lebensumstände nachmetaphysisch zu reflektieren (s. auch [199]).

Eine radikale Form von philosophischer Dekonstruktion ist die durch die Ergebnisse der Neuro- und Kognitionswissenschaften genährte Zweifel daran, ob es menschliches Bewußtsein in Wirklichkeit überhaupt gibt; ein Ansatz, der zumindest zeitweise von Autoren wie Quine, Sellars, P. u. P. Churchland, Rorty, Feyerabend und Denett vertreten worden ist (Freiheit vs. naturgesetzlichen Determinismus). Man muß dieser Naturalisierung menschlicher Intentionalität aber entgegenhalten, daß Gefühle, Wünsche, Willensakte keine naturwissenschaftlichen Kategorien sind und nicht mit deren methodischen Regeln und Aussagen erfaßbar sein können. Damit würde der Materialismus der Naturwissenschaften zur Metaphysik [337]. Unzweifelhaft vermag aber die physische Funktion des Gehirns derartige psychologische Zustände des Bewußtseins hervorzubringen. Es ist in diesem Zusammenhang der Erwähnung wert, das Helmholtz schon 1877 in seinem berühmt gewordenen, oft zitierten Antrittsvortrag in Berlin über "Das Denken in der Medizin" auf die weitreichenden Konsequenzen der naturwissenschaftlichen Denkweise und ihre Rückwirkung auf die Medizin hingewiesen hat.

Unsere Generation hat unter dem Druck spiritualistischer Metaphysik gelitten, die jüngere wird sich wohl vor dem der materialistischen zu wahren haben. Ich bitte Sie, nicht zu vergessen, daß auch der Materialismus eine metaphysische Hypothese ist, eine Hypothese, die sich im Gebiet der Naturwissenschaften als sehr fruchtbar erwiesen hat, aber doch immer eine Hypothese bleibt.

Jeder dieser Ismen erfährt Diskurs und Widerspruch, keiner davon eignet sich als verläßlicher Ankerplatz für eine individuelle oder gesellschaftliche Lebensgestaltung. Kontingenz und Notwendigkeit, Unvorhersehbarkeit und Planbarkeit, Unwahrscheinlichkeit und Ordnung, Überraschung und Erwartung durchlaufen – dem Schein nach widersprüchlich – den Lebensprozeß jedes Einzelnen und provozieren seine intuitiven (impliziten) wie expliziten (empirisch geformten) Handlungsweisen von Fall zu Fall. Wer bewußt leben und seine existentielle Angst bewältigen will, muß sich, abseits aktueller Strömungen (Utopismus, Hedonismus, Materialismus, Szientismus) Zugang zu den vielfältigen Perspektiven der Geistesgeschichte verschaffen. Wittgenstein sagt: "Die Lösung des Rätsels des Lebens in Raum und Zeit liegt außerhalb von Raum und Zeit" [104].

Ist erst einmal sein Interesse daran geweckt, wird der Frager auf der Suche nach guten Beweggründen für seine Lebenspraxis (und als Arzt für die seiner Patienten) in erster Annäherung bei der Stoa – Cicero: *Vom rechten Handeln* [294], Seneca: *Vom glückseligen Leben* [292], Marc Aurel: *Selbstbetrachtungen* [295] – sowie bei Epikur:

Philosophie der Freude [326], bei Montaigne: *Essais* [296] und bei Schopenhauer: *Aphorismen zur Lebensweisheit* [297] eine faßliche wie auch bereichernde Lektüre finden.

Lesenswert und gut faßlich ist die Abhandlung von Hannah Arendt: *Vita activa oder Vom tätigen Leben*, eine umfassende Analyse der drei menschlichen Grundtätigkeiten: Arbeiten, Herstellen, Handeln [333].

Eine Einführung in philosophisches Denken bietet die Lektüre von Karl Jaspers *Was ist Philosophie?* [377]. Bei aller Verwur-zelung in der Tradition der abendländischen Philosophie hat sich Jaspers immer auch an Problemen und Perspekti-ven der Gegenwart orientiert und seine Gedanken in einer klaren, auch dem Nichtfachmann verständlichen Sprache ausgedrückt.

Im weiteren erfordert das Einlesen in die Denkweise und in die Begriffsbildungen der Antike, der Aufklärung und insbesondere der modernen Philosophie gewiß ein gesteigertes intellektuelles Engangement des Lesers; seine Mühe wird aber belohnt werden mit dem Einblick in eine Landschaft, die den Beschauer teilnehmen läßt und sein Auge für das öffnet, was (neben den in riesigen Zeitabständen abgelaufenen Phasen der physikalischen und biologischen Evolution) mit Hilfe anderer Parameter als "kulturelle Evolution" bezeichnet werden kann.

2 Das cartesianische Denken

Galilei, Kepler, Kopernikus, Newton, Descartes und Bacon gelten im Vergleich zum aristotelisch-scholastischen Kosmos des Wissens als Begründer der Erfahrungswissenschaften der Neuzeit. Der *Baconismus* – die sachliche Orientierung der Naturwissenschaften am technischen Fortschritt und ihre moralische Orientierung am Wohl der Menschheit – ist in der weiteren Geschichte ein wenn auch nie ausschließlicher, so doch immer einflußreicher Orientierungsrahmen geblieben und hat als ein Korrektiv gegen vermeintlich zweckfreie oder manifest unmoralische Forschung seine Bedeutung nicht verloren: "Wir können die Natur nur dann verstehen, wenn wir die Natur zu Rate ziehen und nicht die Schriften des Aristoteles" (Novum Organon); d. h. das naturwissenschaftliche Weltbild wird von den verwendeten Untersuchungsmethoden geprägt. Aber hinsichtlich der Ausdeutung der gewonnenen Naturbeobachtungen gilt der Satz von Kant: "Der Verstand schöpft seine Gesetze nicht aus der Natur, sondern schreibt sie dieser vor."

Aus Naturbeobachtungen formulierte Grundprinzipien heißen heute *Paradigmen.* Sie dienen als Erklärungsmodelle, auf denen Forschung basiert. Gängige wissenschaftliche Forschung ist meist auf die Verdeutlichung

der vom Paradigma bereits vertretenen Phänomene und
Theorien ausgerichtet. Das Auftauchen neuer Erfahrungen
und Theorien "dekonstruiert" herkömmliche Auffassungen
und erzwingt einen "Paradigmenwechsel" (Kuhn [260]). Wissenschaftliche Fragen werden dann anders beantwortet. (Zur
Begriffsgeschichte wissenschaftlicher Revolutionen s. [261].)

Die Arroganz der Philosophen gegenüber der
Technik, die schon Bacon bekämpfte, ist heute unerheblich.
Die Arroganz der Techniker und Ökonomen, deren Institutionen sich einem gesellschaftlichen Diskurs entziehen, ist
an ihre Stelle getreten [116].

2.1 Die Methodenlehre von Descartes

Er unterscheidet zwischen der Seinsweise des menschlichen
Geistes, der seiner selbst bewußt ist (res cogitans) und der
Seinsweise des Gegenstandes der mathematischen Naturer-
kenntnis, der durch Ausgedehntheit (res extensa) charakterisiert ist [1, 255].

Nachwirkend bis in unser Jahrhundert hat die
rationalistisch-mechanistisch begründete Methodenlehre von
Descartes (1596–1650) die Grundlagen für die Naturwissenschaften geschaffen, um aus empirischen Naturbeobachtungen induktive Naturgesetze zu formulieren und diese gegen
Vorurteile, vorschnelle Annahmen und überhaupt gegen Re-
gellosigkeit der Ahnung und des Einfalls abzuschirmen, und
zwar anhand von 4 Regeln:

1. nichts zu akzeptieren, das nicht evident als wahr eingesehen
   wird;

2. alle Probleme in hinreichend einfache Teilprobleme zu zerlegen;

3. von einfachen Gedanken stufenweise zu komplexen aufzu-
    steigen;

4. stets vollständige Klassifikationen vorzulegen [1; 200].

Unverhohlen seine Sarkasmen gegen die traditionellen (scholastischen) Ärzte, die (mit Recht) in seiner
Lehre den Umsturz der gesamten medizinischen Wissenschaft befürchteten. Seine Hoffnung war es, daß es mit Hilfe
der neuen Philosophie gelingen werde, die Medizin aus
einer rein spekulativen Lehre zu einer praktischen Lehre zu
machen, die den Menschen zum Herrscher über die Natur
erheben, eine Fülle von Krankheiten verhindern, ja auch die
Grenze des Lebens weit hinausschieben werde. In diesem
Sinne läßt er wissen:

> ... daß ich entschlossen bin, die noch übrige Zeit meines
> Lebens bloß darauf zu verwenden, mir einige Naturkennt-
> nisse der Art zu erwerben, daß sich daraus gewissere
> Regeln für die *Medizin* gewinnen lassen, als die man bis
> jetzt gehabt [200].

Descartes verbannte bewußt sämtliche huma-
nistischen Fächer (Philologie, Geschichte, Rhetorik und
Dichtung) aus dem Bereich der Philosophie, da sie keineswegs zur Klarheit des Denkens und Sprechens beitrügen,
sondern im Gegenteil ihre Klarheit trübten. Aus diesem
Zwiespalt gehen Naturwissenschaften und Geisteswissenschaften – die einen "erklärend", die anderen "verstehend"–
für die nächsten 300 Jahre als methodisch gespaltene Wis-
sensbereiche (Sciences and Humanities) auseinander [235].

Zu den überragenden Geistern der beginnen-
den Neuzeit gehört Baruch Spinoza (1632–1677). In einem
pantheistischen Sinn ist Gott für ihn gleichbedeutend mit

der Natur (deus sive natura), sie ist die "causa sui" (einzige Substanz, natura naturans). Demzufolge offenbart sich Gott in der Natur, so daß der *Determinismus* in der Natur die Rolle der göttlichen Allwissenheit spielt. Die Erscheinungen der Natur und des Menschenlebens sind Manifestationen derselben (natura naturata) und ohne Seinsanspruch der Dinge. Alle endlichen Bestimmtheiten der Dinge gehen darin auf.

Eine weitere Auslegung der deterministischen Naturphilosophie des Spinoza lautet [228]:

In mente nulla est absoluta sive libera voluntas, sed mens ad hoc, vel illud volendum determinatur a causa, quae etiam ab alia determinata est, et haec iterum ab alia, et sic in infinitum. (Es gibt im Geiste keinen absoluten oder freien Willen; sondern der Geist wird dieses oder jenes zu wollen von einer Ursache bestimmt, die auch wieder von einer anderen Ursache bestimmt worden ist, und diese wieder von einer anderen, und so fort ins Unendliche.)

Dies steht im Einklang mit den Vorstellungen der modernen Wissenschaft, die sich seit Galilei des Verzichtes auf die Erkenntnis der Substanzen ("Schwund des Seinsanspruchs der Dinge" [115]) bewußt war, und zwar zugunsten eines partikularistischen, kausal determinierten Wissenschaftsideals, das durch Berechnung beherrschen und durch Erklärung machen zu lernen trachtet.

In gedanklicher Nachfolge von Spinoza leugnete auch Einstein die Freiheit des menschlichen Willens. In einem Brief an die Spinoza-Gesellschaft in den USA schreibt er sinngemäß: Die Erkenntnis von der kausalen Gebundenheit menschlicher Handlungen soll uns auf eine

höhere Stufe des Handelns führen, das nicht ein blindes
Reagieren des Gefühls sein soll. Unser Handeln sei getragen
von dem stets lebendigen Bewußtsein, daß die Menschen in
ihrem Denken, Fühlen und Tun nicht frei sind, sondern
ebenso kausal gebunden wie die Gestirne in ihren Bewe-
gungen [232] – und zwar im Sinne von Schopenhauers
Wort: "Der Mensch kann wohl tun, was er will, aber er kann
nicht wollen, was er will". (Zur Naturalisierung menschlicher Intentionalität s. S. 31.)

Erwähnt seien noch Zeitgenossen Spinozas
wie Thomas Hobbes (1588–1679) und John Locke (1632–
1704) als Vertreter des englischen Empirismus sowie das
Werk von Gottlob Frege (1848–1925) [117] mit seiner "semantischen und philosophischen Grundlegung der elementaren Aussagelogik", das die Lehre von der Objektivität der
Gedanken im Unterschied zu der Subjektivität von Vorstellungen in aller Klarheit herausarbeitet. Seine geistigen Wirkungen auf Wittgenstein (1889–1951) [104, 254, 258] als
entschiedenen Gegner einer psychologistischen Auffassung
der Logik (s. auch Kap. 1) und auf Carnap (1891–1970), der
die logische Semantik weitergeführt hat, sind überliefert
und haben bis in unsere Tage die amerikanischen Empiris-
musvertreter Quine und Putnam [250] geprägt.

2.2 Logik der Forschung
(Grundlagen s. [198, 201, 202, 288, 289])

Einen für unser heutiges analytisches Denken fundamenta-
len Schritt vollzog Karl Popper mit der Methode, induktiv
gewonnene Sätze nur als hypothetische Vermutungen gelten
zu lassen, um sie dann durch den Versuch der Falsifikation

(deduktiv) zu überprüfen und ggf. empirisch zu widerlegen. Aus seiner logischen Kritik des Induktivismus entwarf Popper ein konstruktives nichtinduktivistisches Abgrenzungskriterium, das die Fehlbarkeit und Widerlegbarkeit des Vermutungswissens anerkennt und die Möglichkeit des Fortschritts in unseren Hypothesen eröffnet [118].

Der Einfachheit halber als "Stückwerk-Technologie" (piecemeal engineering) bezeichnet, als Methode des "Herumbastelns" (trial-and-error) ist sie Ausdruck kritischer Analyse und das beste Mittel zur Erlangung praktischer Resultate in den Sozial- wie in den Naturwissenschaften [119]. Dieses Vorgehen einer Problemlösung gründet auf drei Prinzipien:

1. Regel des reduktionistischen Verfahrens, nämlich alle Probleme in hinreichend einfache Teilprobleme zu zerlegen;
2. Regel der Hypothesenbildung, nämlich von einfachen Gedanken und Schlüssen stufenweise zu komplexen aufzusteigen und schließlich
3. diese Hypothesen als Vermutungen gelten zu lassen, um sie dann durch den Versuch der Falsifikation zu überprüfen und ggf. empirisch zu widerlegen.

Danach muß man nichts von der Art faktischer Aufgabenstellungen über die Welt grundsätzlich außerhalb des Zuständigkeitsbereichs der Wissenschaften ansetzen [241].

Nach demselben Prinzip gehen wir übrigens in der alltäglichen ärztlichen Diagnostik vor: Aufgrund von Einzelbefunden gelangen wir zu einer Vermutungs-oder Arbeitsdiagnose (induktiver Schritt), weitere gezielte Untersuchungen bestätigen oder widerlegen die erste Hypothese, sprich: Vermutungsdiagnose (deduktiver Schritt) (s. S. 129).

Popper sagt: "Eine Annäherung an Wahrheit ist möglich, sicheres Wissen ist uns versagt. Unser Wissen ist ein kritisches Raten, ein Netz von Hypothesen, ein Gewebe von Vermutungen" [289]. Das Ziel der Wissenschaften ist die Vergrößerung der "Wahrscheinlichkeitsähnlichkeit" [212].

Als Kriterien der Gültigkeit von Theorien gelten allgemein [198]:

- formale Kriterien,
- interne Konsistenz (innere Widerspruchsfreiheit),
- externe Konsistenz (Verträglichkeit mit den allgemein akzeptierten Ergebnissen der Wissenschaft,
- Prüfbarkeit (durch Erfahrung bestätigt, Beweis),
- Erklärungswert (Lösung bestehender Probleme).

Diese Methode der unaufhörlichen Fehlerkorrektur ist nach Popper nicht nur eine Weisheitsregel, sondern geradezu eine moralische Pflicht: es ist die Pflicht zur dauernden Selbstkritik, zum dauernden Lernen, zu dauernden kleinen Verbesserungen unserer Einstellung, unserer Urteile, unserer Theorien [119]. Aber er sagt auch: "Das Verstehen des Menschen unterscheidet sich nach allen maßgeblichen Autoren grundlegend (radically) vom Verstehen der Natur" [212].

Begriffs- und Theorienbildung verlaufen niemals unabhängig voneinander, sondern stehen in einem rückkoppelnden Bezug zueinander. So werden bei der "Nukleation" einer Theorie deren Grundbegriffe zunächst nur über ein intuitives Vorverständnis in die Theorie eingebracht und erst später in Form eines "Iterationsprozesses zwischen Begriffs- und Theorienbildung" verschärft [6].

In den Goetheschen Reflexionen steht: "Eine jede Idee tritt als ein fremder Gast in die Erscheinung und wie sie sich schon zu realisieren beginnt, ist sie kaum von Phantasie und Phantasterei zu unterscheiden".

2.3 Reduktionismus und Systemtheorie

Wird für einen bestimmten wissenschaftlichen Objektbereich, etwa den physikalischer, biologischer oder geisteswissenschaftlicher Objekte, behauptet, sie ließen sich auf bestimmte einzelne Grundgrößen mit Hilfe von bestimmten Ableitungsgesetzen zurückführen, dann heißt diese Behauptung *Reduktionismus* [203].

Ein rationalistischer Reduktionismus der Psychologie ist etwa durch Freuds Behauptung gegeben, daß sich alle psychischen Äußerungen des Menschen auf das Zusammenspiel von Liebes- und Todestrieb zurückführen lassen.

Die Behauptung, alle physikalischen Vorgänge der physikalischen Welt müssen sich aus dem Newtonschen Axiomensystem der Mechanik ableiten lassen, ist ein mechanistisch-rationalistischer Reduktionismus.

In einer informativen Schrift von Deppert [203] ist sinngemäß zu lesen: Spätestens seit Aristoteles sei es üblich geworden, den Aufbau der Welt hierarchisch zu begreifen, d. h. die Welt als eine Hierarchie von Stufen aufzufassen, so daß eine Stufe auf einer tieferliegenden ruht. Im physikalischen Reduktionismus soll jede Stufe aus der nächst tieferliegenden erklärt werden. Die Hierarchie der

Stufen (ohne Angabe von möglichen Zwischenstufen und ohne bindende Erklärung der Reihung) sieht dabei etwa wie folgt aus:

1. Stufe: Elementarteilchen, bzw. elementare Teilchenfelder;
2. Stufe: atomare Teilchen (Atome oder Ionen);
3. Stufe: molekulare Teilchen (Moleküle oder Molekülreste);
4. Stufe: Molekülstrukturen (z. B. DNS, Kristalle);
5. Stufe: mikroskopische Ansammlungen von Molekülstrukturen (z. B. Zellen);
6. Stufe: makroskopische Ansammlungen von Molekülstrukturen (z. B. Organe);
7. Stufe: Ansammlungen von Strukturen der 6. Stufe (z. B. Organismen);
8. Stufe: Ansammlungen von Strukturen der 7. Stufe (z. B. Symbiosen, Familien);
9. Stufe: usw.

Die positivistische Verfahrensweise in den Naturwissenschaften beinhaltet das, was wir mit dem Begriff "Objektivität" umschreiben. Es wird spätestens an diesem Punkt deutlich, daß der Mensch selbst wie ein Ding in der Natur "objektiv" gemessen, vermessen, betrachtet und bewertet wird. Die Beobachtung von Mensch und Natur ist nun der *objektivierbaren Kausalität* von Ursache, Wirkung und Nutzen unterworfen; ein neues Verständnis von Mensch als Maschine, von Natur als Maschinerie geboren. Die empirischen Wissenschaften –sie arbeiten resolutiv-analytisch oder kompositiv-synthetisch – werden zum Füllhorn neuer Naturerkenntnisse und gewinnen unumkehrbar mittels der durch sie erfundenen technischen Mittel kumulativ globale Macht über die allgemeine Natur und über den Menschen. Faszi-

niert von der zweckdienlichen Ergiebigkeit naturwissenschaftlichen Findens und Erfindens ersteht vor unseren Augen ein neues einäugiges, weil auf einer einzigen Erkennt-
nismethode gedachtes Weltbild (Materialismus als Metaphysik s. S. 31).

Warum einäugig? Weil es die Grundeigenschaft
von reduktionistischen Methoden ist, die komplexe, multi-
dimensionale Wirklichkeit auf einen bestimmten Teilaspekt
zu reduzieren; mit anderen Worten heißt das, die Unter-
scheidbarkeit verschiedener Systemebenen zu vernachlässigen und Fakten auf eine davon zu reduzieren. Tatsächlich liegt darin ihr Erkenntniswert von Realität und gleichzeitig die Fiktion, dem gewonnenen Teilaspekt komme allgemeine Gültigkeit zu. Der (reduktionistisch erbrachte) Par-
tikularismus der Wissenschaften steht im Zwiespalt mit der
Einheit der Natur.

Es kommen Zweifel auf, ob und wo die ohne
Zweifel hinsichtlich ihrer Nützlichkeiten so fruchtbare reduktionistische Methode innerhalb der Biologie, d. h. die
Rückführung aller Lebens- und Krankheitsprozesse auf bekannte, im Detail kausal verknüpfte physikalisch-chemisch
Gesetzmäßigkeiten, an Grenzen stößt, an Hypothesen ver-
armt und sich schließlich in der Produktion von "endlosen
Richtigkeiten" (Jaspers) erschöpft. Die Kritik am Reduktionismus erinnert an den Satz von Seneca: "Confusum est,
quidquid usque in pulverem sectum est" (Verwirrung stiftet, was bis ins Kleinste zerlegt wird).

Der Nachsatz müßte allerdings lauten: ... es sei
denn, dem Detail kommt allgemeine Bedeutung zu. Tatsächlich gehen bei der reduktionistischen Aufspaltung biologi-

scher Einheiten in immer kleinere Bestandteile die Eigenschaften der höheren Systemebene verloren.

Sowohl in den modernen Naturwissenschaften wie auch in der Philosophie der Gegenwart sind aber Versuche sichtbar, die methodisch bedingten Stereotypien ihrer jeweiligen Wissensgebiete mit Hilfe neuer Denkansätze in die natürliche Komplexität zurückzuführen oder zumindest sich ihr anzunähern.

Systemtheoretischer Ansatz. Demgegenüber gelten in der Biophysik Komplementarität, Emergenz (s. unten), Makrodeterminiertheit und die Semantik der genetischen Information als Einwände gegen die reduktionistische Methode [6, 203]. Zwangsläufig stehen alle Naturwissenschaften gerade deshalb vor der schwierigen, wenngleich unausweichlichen Aufgabe, aus der Datenflut reduktionistisch erbrachter Ergebnisse einen hypothetischen Funktionszusammenhang zwischen den vorher zerlegten Gliedern herzustellen. Man nennt dies den systemtheoretischen (quasi ganzheitlichen) Ansatz.

Ein vortrefflicher Anwendungsbereich des systemtheoretischen Ansatzes ist z. B. das Gehirn, wenn man sich die Anwesenheit von etwa 12 Milliarden Nervenzellen und 8000 Synapsen pro Neuron vorstellt. Einige 10^8 Sinneszellen informieren über die Außenwelt, einige 10^6 motorische Nervenzellen steuern Muskulatur und Organe, und etwa 10^{12} Nervenzellen besorgen die zentrale (parallel und sequentiell prozessierte) Informationsverarbeitung [346]. Eine neurophysiologische Systemanalyse des klinischen Syndroms "Schwindel" wurde von der Arbeitsgruppe um Brandt [265] erarbeitet. Beispielsweise erklärt sich der Mechanismus der

Kinetose (Bewegungskrankheit) durch ein "mismatch" zwischen tatsächlicher und erwarteter vestibulärer Sinnesreizung.

Ein anderes Beispiel für die Vielzahl reduktionistisch erbrachter Teilergebnisse versus funktionaler Systemanalyse ist das menschliche Genom mit ca. 90.000 Genen. Davon sind rund 2 Drittel als Gen, in Teilsequenzen oder in sog. Transskriptionskarten analysiert. Heute noch weitgehend unerforscht und demzufolge noch nicht lesbar ist die Semantik der genetischen Information (Funktionsanalyse). Chancen, diagnostisch und therapeutisch einzugreifen bieten zunächst nur die monogenetischen Erbkrankheiten (s. Kap. 3.6). Ein erster Durchbruch gelang mit der umfassenden Identifizierung und Klonierung des Gens für die Mukoviszidose.

Ein klinisches Beispiel ist die hochkomplexe Krankheitssituation einer Sepsis mit unverändert hoher Letalität. Sie entzieht sich bis heute einer *monokausalen* Therapie, sei es durch Antibiotika, durch Beeinflussung der Toxin-/Mediatorkaskade des septischen Reaktionsablaufs, durch antiinflammatorische Maßnahmen oder durch Immunmodulation; und dies trotz subtiler Kenntnis einzelner Reaktionsabläufe (z. B. der Blutgerinnung, von Proteinasen, von Prostazyklin) und beteiligter Mediatoren (z. B. von Zytokinen wie der *tumor necrosis factor* α) [112].

Ein weiteres Beispiel: Die Volumenregulation des Kreislaufs ist sowohl unter physiologischen Bedingungen als auch unter pathologischen Belastungen darauf ausgerichtet, die Durchblutung der Organe aufrechtzuerhalten und dem Stoffwechselbedarf anzupassen. Ganz allgemein gesagt handelt es sich bei diesen Regulationssystemen um komplexe Mechanismen, die sich als Zusammenspiel von biologischen Teilsystemen in Form von technischen Regelkreisen mit negativer Rückkopplung beschreiben lassen. Die zu regelnde Größe (z. B. Blutdruck, Serumosmolalität, Gefäßvolumen) wird solange (z. B. über Fühler) auf Erfolgsorgane (z. B. Niere) einwirken, bis die Abweichung der zu regelnden Größe wieder auf den Normwert, d. h. auf die Sollgröße einpendelt [290].

Ziel einer systemtheoretischen Beschreibung von Naturvorgängen ist es, die Selbstorganisation komplexer Strukturen besser zu verstehen. In diesem Zusammenhang sei auf ein vielfach beobachtetes Phänomen, nämlich auf den Vorgang der "Emergenz" hingewiesen: Unter bestimmten Bedingungen organisieren sich kleinere Einheiten zu größeren, immer komplexeren Struktureinheiten bis hin zur Bildung von aktiven Makromolekülen auf ganz verschiedenem hierarchischen Niveau, und dies sogar in der unbelebten Natur [6].

Phasenübergänge von abgeschlossenen Systemen in der Nähe des thermischen Gleichgewichts werden auch als *konservative Selbstorganisation* bezeichnet. Fern des thermischen Gleichgewichts hängen Phasenübergänge von hochgradig nichtlinearen und dissipativen Mechanismen ab. So entstehen makroskopische Ordnungsstrukturen durch komplexe nichtlineare Wechselwirkungen mikroskopischer Elemente.

Derartige Phasenübergänge von einem (natürlichen) Ordnungszustand (Funktionszustand) zu einem anderen lassen sich durch nichtlineare Reaktions- und Diffusionsgleichungen modellieren. Beispielsweise sind ökologische Systeme offene Systeme von Pflanzen und Tieren, die in gegenseitigen (nichtlinearen) Kopplungen (Metabolismus) mit ihrer Umwelt fern des thermischen Gleichgewichts leben [340].

Komplexitätsforschung. Als Mekka der Komplexitätsforschung hat sich das kleine Santa-Fe-Institut in New Mexico im Jahrzehnt seit seiner Gründung hohes Ansehen erworben. Hier lassen renommierte Gelehrte den klassischen, als langweilig empfundenen Reduktionismus gänzlich hinter sich und streben nach einer neuen, vereinheitlichten Sichtweise der unbelebten Natur, des Lebens, des menschlichen Sozialverhaltens, mindestens nach "Prinzipien von hoher Allgemeinheit"[18].

Ging die klassische Physik seit Newton davon aus, daß gleiche Ursachen gleiche Wirkungen haben müssen, so stellt sich in komplexen Systemen diese Vorhersagbarkeit von Abläufen nicht ein. Im Bereich des Komplexen können Vorgänge stattfinden, die schon dann unterschiedlich ablaufen, wenn die Ausgangsbedingungen in einem für einen Physiker nicht mehr kontrollierbaren Maße minimal variieren (Randbedingungen). Physiker sprechen dann von einem "deterministischen Chaos". Gemeint ist, daß unter annähernd gleichen Voraussetzungen völlig Unterschiedliches passiert.

In einem biologischen Organismus existieren zahlreiche Randbedingungen auf verschiedenen Funktionsebenen. Trotz der naturgesetzlichen Determiniertheit des Geschehens ist dessen Vorhersagbarkeit eingeschränkt. In diesem Sinne meint Küppers, daß es zwar determinierende Naturgesetze gibt, aber was sie in einem komplexen System jeweils konkret bewirken, läßt sich nur in Grenzen oder gar nicht vorhersagen [6].

Wegen der hohen Nichtlinearität biologischer Systeme gewinnen heute numerische Approximationen mit Hilfe von aufwendigen Computerprogrammen an Bedeutung. Ziel ist, unter *begrenzten* Randbedingungen *begrenzt* optimale Problemlösungen wie auch *begrenzt* optimale Komplexitäts- und Kompliziertheitsmaße in der Natur anzugeben. Angesichts der komplexen, nichtlinearen, ja chaotischen Prozesse in Natur und Gesellschaft wäre die Vorstellung omnipotenter Plan- und Berechenbarkeit naiv, quasi ein Relikt des laplacischen Geistes im 19. Jahrhundert [340].

Als Fazit ließe sich festhalten:

- Das Ganze ist mehr als die Summe seiner Teile und das komplexe Gesamtsystem mehr als die Summe seiner Subsysteme.

- Die Kritik am Reduktionismus richtet sich keineswegs gegen die Methode als solche, sondern sie fordert einen systemtheoretischen Ansatz, um die reduktionistisch erbrachten Ergebnisse in einen übergreifenden hypothetischen Funktionszusammenhang zu integrieren. Die erstellte Hypothese wiederum kreiert ggf. das falsifizierende Experiment und zwar nach dem Spruch: "... zu prüfen die Theorie in der Praxis und umgekehrt".

- Bei der Deutung empirisch erbrachter Ergebnisse gilt der Satz des Wilhelm von Ockham (1290–1349): "Non sunt multiplicanda entia praeter necessitatem", was sinngemäß heißt, daß wir ein Problem nicht über das Notwendige hinaus zu erklären versuchen sollen. Ein Grundsatz des im Positivismus hochgeschätzten Ökonomieprinzips.

- Monokausale Interpretationen im Sinne von "Nichts ist ohne *einen* Grund" verletzen den philosophischen Grundsatz "Nihil est sine ratione" (Nichts ist ohne Grund). In biologischen (heißt: komplexen) Systemen sind monokausale Erklärungsversuche meistens falsch. Pöppel [339] beklagt deshalb mit Recht die verbreitete Neigung zur "Monokausalitis" in der Medizin und anderswo.

- Es wird deutlich, daß diese gedanklichen "Rückkopplungsschleifen" für zahlreiche Gebiete unserer Lebenswirklichkeit, nicht nur für die Naturwissenschaften und für die Medizin, sondern ebenso für die Ökonomie und Ökologie der Welt von fundamentaler Bedeutung sind.

Der Internist W. Gerok sagt: "Holismus ohne Reduktionismus ist leer; Reduktionismus ohne Holismus ist blind" [219]. (Zur Holismuskritik s. [243], zur Kausalfrage s. [244].)

2.4 Evolutionäre Erkenntnistheorie

Die Evolutionstheorie wird gern als Hinweis für das schrittweise Entstehen von komplexen Organisationsformen aus elementaren Bausteinen der Materie herangezogen, um wiederum als heuristisches Argument für einen ontologischen Reduktionismus zu dienen [203].

Alle Evolutionstheorien beschäftigen sich mit der Frage, durch welche Mechanismen ganz unwahrscheinliche, hochkomplexe Sachverhalte (z. B. der menschliche Organismus, die Geldwirtschaft, Gesellschaftssysteme) zum erwartbaren Normalfall werden können.

Ein Grundproblem der Erkenntnistheorie ist die Erkennbarkeit der Welt. Dazu muß man gewisse Ausgangsthesen akzeptieren, die zugleich Grundpostulate wissenschaftlicher Erkenntnis zu sein scheinen: Hypothesecharakter aller Wirklichkeitserkenntnis; Existenz einer bewußtseinsunabhängigen, strukturierten und zusammenhängenden Welt; teilweise Erkennbarkeit und Erklärbarkeit dieser realen Welt durch Wahrnehmung, Denken und eine intersubjektive Wissenschaft (hypothetischer Realismus). Akzeptiert man ferner die Evolutionstheorie und ihre Anwendbarkeit auf den Menschen, so läßt sich der Gedanke einer

Evolution der Erkenntnisfähigkeit anhand zahlreicher Ergebnisse moderner wissenschaftlicher Forschung (Genetik, Molekularbiologie, Sinnesphysiologie, Sprachwissenschaft etc.) plausibel machen. Insbesondere stehen Sprache und Erkenntnis in einer Wechselbeziehung, in der sie sich gegenseitig bedingen und modifizieren. Andererseits: Indem die Wissenschaft eine Objektivierung der Erkenntnis anstrebt, fördert sie zugleich eine "Entanthropomorphisierung" [198].

Die evolutionäre Erkenntnistheorie ist vorwiegend biologisch orientiert, behandelt also die Evolution der menschlichen Erkenntnisfähigkeit. Sie bezieht dabei – im Gegensatz etwa zu Popper – einen ausgesprochen naturalistischen Standpunkt. Dabei untersucht sie die kognitiven Fähigkeiten der Lebewesen ohne zunächst noch unmittelbaren Bezug zu ethischen Konsequenzen.

In Verbindung mit der oben erwähnten Reduktionismuskritik erscheint der Gedanke von Vollmer einer *projektiven Erkenntnistheorie* als fruchtbarer Versuch, verschiedene einzel- und metawissenschaftlichen Ideen zu einem konsistenten erkenntnistheoretischen Mosaik zusammenzufügen, in dem die Evolution der menschlichen Erkenntnisfähigkeit einen wichtigen Baustein bildet.

3 Wissenschaft und Vernunftethik

Was ist gut und was ist böse? Was ist rechtens? Das Wissen um eine Sache (fachliches Können = Kompetenz) ist etwas anderes als ein gutes oder schlechtes Gewissen. Wissen und Gewissen: der fortwährende innere Dialog. Beides zusammen macht menschliche Vernunft aus und lenkt unser Handeln. Um Ethik (hier synonym: Moral) rankt sich ein Denken seit Menschengedenken. Was die geistigen Grundlagen betrifft, schöpft die Moderne bis heute aus den Quellen der Antike und des frühen Christentums (s. auch Kap. 1 und 2); in der Neuzeit haben die Naturwissenschaften und die daraus hervorgegangenen Techniken wegen ihrer globalen Folgerisiken die Sensibilität für das Gutsein enorm gesteigert. Individuum und Gesellschaft stehen angesichts des immer rasanteren Wandels fast aller Lebensverhältnisse vor immer neuen moralischen Herausforderungen. Ein gedoppeltes Sisyphus-Syndrom: Lerndefizite in bezug auf faktisches Wissen (s. Kap. 6) und Defizite in bezug auf das, was mit Gewißheit rechtens sein soll.

Machbarkeit dank des wissenschaftlich-technischen Fortschritts einerseits und Wertezerfall (zumindest moralische Unsicherheit) mangels übergeordneter Instanzen (Gott, Konventionen, Konsensprozesse) andererseits charakterisieren die Ambivalenz und letztlich das Dilemma der Moderne, speziell der modernen Medizin. (Zur Entstehung des modernen Gewissens s. [206], zur Systematik und Geschichte der Medizinischen Ethik s. [73].)

Ethik ist eine philosophische Disziplin, nämlich die Lehre von den Normen menschlichen Handelns und deren Rechtfertigung. "Die Ethik gibt nicht Gesetze für die Handlungen (denn das tut das Jus), sondern nur für die Maximen der Handlungen" (Kant [237]). Ethos und Ethik stehen in einem inneren Zusammenhang: Ethos als etabliertes Verhalten und Ethik als theoretische Reflexion und Grundlegung. Ethik wird immer dann notwendig, wenn sich das Verhalten der Menschen nicht mehr von selbst versteht [73].

Als philosophische Disziplin ist sie keine deskriptive Wissenschaft im herkömmlichen Sinne (weil rational nicht begründbar und nicht beweisbar); sie denkt ohne Prämissen und verzichtet auf Schlußregeln, jedoch nicht auf kategorische Imperative.

Mit der frühesten Entwicklung seines Verstandes, mit dem Nachdenken über die besten Mittel zur Sicherung seiner Existenz ist darum das Nachdenken über das praktische Verhalten des eigenen Ich zum Du, zur Umgebung, über das Verhalten des Du in Beziehung auf sich untrennbar verbunden. Abscheu und Bewunderung, Furcht und Mitleid, Ehrgeiz und Beschämung – alle diese Grundgefühle des gesellschaftlichen Lebens sind ebenso viele Quellen ethischer Schätzung [64, 65].

Als ethische (moralische) Fragen sind solche anzusehen, mit denen sich entscheidet, was oder wie ich als Mensch bin oder was das für eine Gesellschaft ist, in der wir leben, bzw. wie wir unsere Gesellschaft verstehen.

Damit ergeben sich nach Böhme zwei Hauptbereiche der Ethik: nämlich der Bereich des persönlichen Lebensentwurfs (moralische Ideale) und der Bereich des moralischen Diskurses (moralische Normen). Fragen, mit deren Beantwortung sich der persönliche Lebensentwurf formiert, können nur existentiell gelöst werden. Moralische Fragen, die die Konstitution unserer Gesellschaft betreffen, werden durch Etablierung gesellschaftlicher Konventionen gelöst, die zu Regelungen (Normen) gesellschaftlichen Verhaltens führen. Zwischen diesen beiden Hauptteilen einer philosophischen Ethik liegt der Bereich der Üblichkeiten, der zwischen beiden vermittelt [92].

3.1 Fachliches Können und sittliche Tüchtigkeit

Diese Unterscheidung trifft Aristoteles in der *Nikomachischen Ethik*, zwischen beiden gibt es keine Ähnlichkeit. Denn was durch fachliches Können (z.B. als medizinisches Handwerk) hervorgebracht wird, hat seinen Wert in sich selbst: Es genügt also, wenn das Werk einfach in charakteristischer Beschaffenheit schließlich da ist. Dagegen muß bei Handlungen im Bereich des Sittlichen *der handelnde Mensch* selbst in einer ganz bestimmten Verfassung wirken. Er muß erstens wissentlich, zweitens aufgrund einer klaren Willensentscheidung handeln, einer Entscheidung, die um der Sache selbst willen gefällt ist. Für den Besitz fachlichen Könnens spielen diese Forderungen keine Rolle: da ist nur klares Wissen vonnöten. Für den Besitz sittlicher Vorzüge dagegen bedeutet das Wissen wenig oder nichts [113].

Ähnlich wie in der *Kritik der reinen Vernunft* [233], in der die Suche auf die synthetischen Sätze a priori

gerichtet ist, bemüht sich Kant auch im Bereich der praktischen Vernunft [63] den Nachweis zu erbringen, daß es
ethische Normen gibt, die vor aller Erfahrung und für alle
Menschen gleichermaßen verbindlich gelten. Jeder einzelne
Mensch mag seinem Glück individuell nachjagen und seine
persönlich berechtigten Motive dafür haben, sein Streben
kann sich aber nicht als allgemein verbindliche Norm aus-
weisen. A priori ist daher nur eine ethische Norm, die von
allen subjektiven und aus der Erfahrung genommenen
Glücksvorstellungen abstrahiert. Diese Negation der "Eu-
daimonie", des Strebens nach Glückseligkeit, das aller vor-
ausgegangenen Philosophie ein Axiom der Ethik zu sein
schien (niedergelegt nicht zuletzt in den Menschenrechten),
erhebt sich in das Reich der Ideen, des "Noumenalen", in
dem das Gesetz der Pflicht a priori, also notwendig und allgemein, gilt [204]. Gewissen, sagt Kant im gleichen Sinne,
ist nicht etwas Erwerbliches, und es ist keine Pflicht, sich
eines anzuschaffen; sondern jeder Mensch, als sittliches
Wesen, hat ein solches ursprünglich in sich [237].

Um die Naturanlage zum Guten oder Bösen
geht der Streit bis heute. Eine Entscheidung gegen die
egoistische und für die altruistische Alternative läßt sich
nach dem Philosophen E. Tugendhat durch keine zwingen-
den oder letzten Begründungen rechtfertigen. So ist für
ihn auch die Behauptung Kants, die Anerkennung jedes
Menschen als Selbstzweck sei im Wesen oder in der Vernunft des Menschen begründet, eine verdeckte religiöse
Annahme vom Menschen als Abbild Gottes [190].

Jeder Mensch ist danach prinzipiell fähig, sich
auf Sinngehalte (Werte) hin zu besinnen, die seine egoisti-
schen Motive, Interessen und Strebungen übersteigen, und

eben aufgrund dieser Möglichkeit wird die Person – nicht als Naturwesen, aber als potentiell sittliches Wesen – zum absoluten Selbstzweck. Niemand kann dem Menschen diese sittliche Aufgabe abnehmen. Und weil der Mensch als sittliches Wesen Repräsentation des Absoluten ist, darum und nur darum kommt ihm das zu, was wir menschliche Würde nennen [111]. An ihr haben alle Dimensionen des Menschseins teil: sein Vermögen des Erkennens, Wollens und Fühlens, seine Glücks- und Liebesfähigkeit, seine Fähigkeiten zu Haltungen wie Demut, Gerechtigkeit und Großmut, seine Fähigkeit, mit anderen Personen in Gemeinschaft zu treten, seine Fähigkeit zur Ehrfurcht vor dem, was über uns ist, vor dem Mitmenschen und dem, was unter uns ist [109].

Zum Begriff "Tugend": Sie ist die beständige Gerichtetheit des Willens auf das Sittlich-Gute; sie ist selbst sittlich gut und ein ethischer Wert. Zu den tradierten Grundtugenden (Kardinaltugenden), aus welchen alle übrigen folgen, gehören: Weisheit, Tapferkeit (Willensenergie), Besonnenheit (Maßhalten, Selbstbeherrschung) und die sie umgreifende Gesamttugend Gerechtigkeit. Die christliche Philosophie fügte drei weitere hinzu: Glaube, Liebe und Hoffnung [312, 313]. Ihre Projektion auf die Frage, was wir konkret dürfen und sollen, bestimmt, was wir "Werte" nennen. Der Streit (Grundwertedebatte) um das, was uns etwas wert ist (Wertprioritäten), begründet und gestaltet sittliche Normen und das Wertebewußtsein.

Gefordertes moralisches Ziel ist nicht, einer *Tugendlehre* der Heiligen gemäß dem Leben des hl. Benedikt zu entsprechen, sondern einer der alltäglichen Existenz, die den Verführungen der unreflektierten Eigennützigkeit (Geld und Geltung), zur Nichtsolidarität, zum Nach-

teil der Schwachen, dem Haß und der Gewalt ausgesetzt ist
und ihnen die *eigene Verantwortlichkeit* entgegenhält:

- im Kontext mit den tradierten Gesittungen, deren Inhalt
  und Ausprägung von den Religionen als dem "Tiefenge-
  dächtnis der Menschheit" fundamental mitgestaltet werden
  (hier bedeutet das: Handeln aus uneigennützigen Motiven);
- zusammen mit den gesellschaftlich diskursiv erbrachten
  Normen, denen z. T. utilaristische Regeln (z. B. zwecks Ge-
  burtenregelung bei Überbevölkerung) zugrunde liegen können; auf der Einhaltung letzterer basiert nicht zuletzt soziale Kooperation [173, 240]. Die von internationalen ärztlichen Berufsverbänden beispielsweise für die Sterbehilfe
  (s. Kap. 9) oder für die Durchführung klinisch-pharmako-
  logischer Studien (s. S. 67 und [84]) konkret und praxis-
  bezogen formulierten Richtlinien sind hierfür ein gutes
  Beispiel, abseits aller Heuchelei des Lippenbekenntnisses
  zu einem allgemeinen Kodex.

Das sokratische Hinterfragen des anscheinend
Selbstverständlichen, Herkömmlichen ist die Methode. Der
kategorische Imperativ Kants ist dazu die praktische Handlungsanweisung: "Handle nur nach derjenigen Maxime,
durch die Du zugleich wollen kannst, daß sie ein allgemeines Gesetz werde" [237].

Dazu meint sinngemäß G. Patzig: Wenn wir
aufgefordert werden, unsere Maximen auf ihre Verallgemei-
nerungsfähigkeit zu prüfen, so heißt das nichts anderes, als
sie auf ihre Vernünftigkeit zu prüfen [238]. In der Lebenspraxis geht es deshalb um eine verallgemeinerungsfähige
Minimalmoral, welche nur einige Leitlinien (z. B. Tötungsverbot, Tierschutz, Menschenrechte) gibt, innerhalb deren

wir unsere Interessen verwirklichen und unser persönliches Glück verfolgen können. Niemand sollte weniger tun, als eine solche Minimalmoral fordert, aber jedermann darf mehr tun. Auch der Begriff des Guten ist wie der Wahrheitsbegriff ein Idealbegriff [336].

In seiner Verteidigungsrede vor Gericht bekräftigt Sokrates, es sei "das Wichtigste für einen Menschen, tagtäglich über das Gutsein (*areté*) Gespräche zu führen ... und daß ein ungeprüftes Leben für den Menschen nicht lebenswert ist" (Platon, Apologie 38a) [189].

Im Spannungsfeld zwischen Wissen und Gewissen begibt man sich durch eine unbeschränkte Auslieferung an naturwissenschaftlich-technische Manipulation der Möglichkeit einer Selbstbestimmung: Was zu geschehen hat, entscheiden dann die Experten, und es bestimmt sich durch das technisch Machbare und durch die bloße Zweckdienlichkeit.

Vollmer [198] wählt hierfür das Wortungetüm "Entanthropomorphisierung" (s. 51). Daraus folgt aber, daß die Bewahrung der Person als sich selbst bestimmende Instanz verlangt, an irgendeiner Stelle der schrankenlosen Manipulation ein Nein entgegenzusetzen. Das Individuum verweigert sich der Fremdbestimmung.

In dem bekannten Aufsatz "Vom inneren Beruf der Wissenschaft" vertritt Max Weber zwar vehement die Wertfreiheit der Wissenschaft, weist aber dem Wissenschaftler doch zu, sich selbst über den letzten Sinn seines Tuns Rechenschaft zu geben [301].

Aus dieser Sicht unterscheiden wir, wie schon formuliert, zwei Hauptbereiche der Ethik, nämlich der Bereich des persönlichen Lebensentwurfs (moralische Ideale) und der Bereich des moralischen Diskurses (moralische Normen).

3.2 Moralische Normen versus moralische Ideale

Der Mensch als soziales Wesen sucht die Gemeinschaft, seine Akzeptanz durch sie; ferner das, was sie ihm an Freiheit und Gerechtigkeit gewährt und ihm ein Gefühl der Geborgenheit vermittelt. Auch weiß er um ihre Sanktionen und auch dieses Wissen darum führt ihn stille auf den Weg der Vernunft.

Entlang der Vernunftethik des Göttinger Philosophen G. Patzig [66, 191] ist mit dem, was wir "ethischen Konsens" oder "allgemeine moralische Norm" nennen, der moralische Code eines Individuums noch nicht erschöpft. Vielmehr knüpfen wir an persönliche Vorbilder an und entwickeln Vorstellungen davon, welche Art von Person wir sein möchten. So bilden wir moralische Ideale aus, denen wir nachstreben, auch wenn wir sie im Regelfall nicht voll in die Praxis umsetzen können. Gemeinsame moralische Ideale sind, wie die Geschichte lehrt, eines der stärksten Bindemittel gesellschaftlicher Gruppierungen, ob diese nun den Charakter religiöser oder ideologischer Gemeinschaften haben oder nach Art ständischer Gliederungen oder Berufsgruppen verfaßt sind.

Gegen eine die Vernunftforderung übersteigende, freiwillig übernommene Idealforderung als Erweiterung und Verschärfung der rational begründbaren moralischen Regeln ist wenig einzuwenden. Bei aller "Vernünftigkeit" darf aber niemand der Versuchung erliegen, seine eigenen moralischen Ideale für allgemein verbindliche Normen anzusehen (Gesinnungsethik, Jakobinerethik, Terror der Tugend). Wer einem moralischen Ideal folgt, ist deswegen nicht davon befreit, die Verpflichtungen zu erfüllen, die ihm aus der gesellschaftlich anerkannten Normierung zuwachsen (Verantwortungsethik) [66, 194]; oder nach Kant: sofern in einer Handlung aus Pflicht gar keine Triebfedern der Neigungen als Bestimmungsgründe auf ihn einfließen [63, 204].

Der öffentlichen Meinung nach befindet sich unsere Gesellschaft in einem Prozeß der Individualisierung. Ihm entspringt ein Bedürfnis nach Handlungsorientierung. Das diesen Prozeß begleitende Mißverständnis lautet: Die Konzentration auf Selbstverwirklichung impliziere eine wachsende Egozentrik (gleichbedeutend mit: Individualisierung führe zur Entsolidarisierung). Das kann, muß aber nicht so sein. Viel häufiger scheint sich eine Haltung herauszubilden, die als "solidarischer Individualismus" bezeichnet werden kann. Das heißt, immer mehr Menschen in unserer Gesellschaft sehen Moral als Teil ihres persönlichen Lebensentwurfs auch gegenüber der Gemeinschaft und weniger als Beachtung eines normierten Pflichtenkatalogs.

Im Gefolge dieser Überlegungen besteht nach Patzig die *Funktion moralischer Normen* darin, den einzelnen Menschen dazu zu bringen, in bestimmten Fällen sein eigenes wohlverstandenes Interesse gegenüber den Interessen anderer Individuen (interpersonale Ethik) oder denen einer Gesamtheit (numerische Ethik) zurückzustellen. Es gibt daher eine nicht überbrückbare Kluft zwischen moralischer Vernunft und der Zweckrationalität dessen, was man wohlverstandenes Eigeninteresse nennt [66, 191]. Die wichtigste Funktion moralischer Verhaltensregeln ist es, so hat es der zeitgenössische englische Philosoph J. Warnock [67] ausgedrückt, der Rücksichtslosigkeit entgegenzuwirken, mit der Menschen ihre eigenen Interessen, auch auf Kosten anderer, zu verwirklichen versuchen.

Dadurch wird gerade impliziert, daß solche Zusammenarbeit unter den Prinzipien der Fairneß und der Solidarität vom einzelnen erhebliche Opfer verlangen kann, wenn sie zur Erhaltung der gewählten Ordnung notwendig sind. Das Vorliegen eines Regelsystems gegenseitiger Rücksichtnahme ist für jedes Individuum so wertvoll, daß es aus rationalen Gründen bereit sein muß, die Einschränkung eigener Interessensverwirklichung in Kauf zu nehmen, die für das Funktionieren dieses Systems nötig ist. Daß moralische Normierung auch den eigenen Mitgliedern einer Gesellschaft dient, erklärt uns, wie es dazu kommt, daß moralische Systeme sich im Verlauf der Menschheitsentwicklung reale Wirkung verschafft haben [66].

Aber auch über den Kreis der heute lebenden Menschen hinaus reicht unsere *moralische Verantwortung*. Das Vernunftprinzip selbst macht uns klar, daß wir, die wir selbst nicht wünschen können, auf einer durch Raubbau verödeten, dazu vergifteten Müllhalde zu leben, eben deshalb auch verpflichtet sind, unseren Nachkommen, soweit es an uns liegt, eine solche extreme Situation zu ersparen. Ein rücksichtsloser Egoismus der Generationen ist daher ebenso vernunftwidrig wie ein solcher der Gruppen. Der Nachweis einer solchen moralischen Verpflichtung bedarf keinerlei Glaubensgrundsätze und auch keiner metaphysischen Hilfssätze, sondern muß sich, jedenfalls im Prinzip, gegenüber jedermann rechtfertigen lassen.

Die Autonomie beanspruchende Vernunft entzieht sich von außen gesetzter Sinngebung und sucht, wie schon erwähnt, Kriterien rationaler Erkenntnis und moralischen Handelns in sich selbst [60, 61], im Diskurs mit der gesellschaftlichen Norm. Unüberbrückbare Konflikte mit der gesellschaftlichen Norm können beispielsweise dann entstehen, wenn herkömmliche Sitten und Gesittungen neueren gesellschaftlichen Meinungsbildungen ("Wertewandel"), die materialistisch-utilaristisch bestimmt sein können, entgegenstehen oder durch politische Herrschaft außer Kraft gesetzt werden. Ein Beispiel hierfür sind Entwicklungen in den Niederlanden zum Thema "Aktive Sterbehilfe" (s. Kap. 9). Es sei daran erinnert, daß es die Tierversuchsgegner in der Rolle von Gesinnungsethikern waren, die, wenngleich da und dort gewalttätig, den öffentlichen Diskurs angestoßen und damit die Voraussetzungen für eine neue Tierschutzgesetzgebung geschaffen hatten (s. Kap. 4). Es ist das "Gut-Menschsein" [92] gegen die Mehrheit, die Verweigerung aus Uneigennützigkeit.

In diesem aktuellen Zusammenhang steht das Gewissen für eine Instanz, die jeweils entscheidet, wie weit wir im Einzelfall der Selbstliebe oder dem Wohlwollen Spielraum geben sollen. Beide Möglichkeiten der Verirrung sind gegeben. Sittlich richtig handelt aber nur, wer der Selbstliebe *und* Nächstenliebe den jeweils angemessenen Spielraum auf rationalem Wege öffnet (Butler) [193].

3.3 Die Ambivalenz wissenschaftlicher Forschung

Eine pragmatische Unterscheidung, die derjenigen des Aristoteles (s. 55) nahekommt, nämlich zwischen Verstand und Vernunft, traf der Atomphysiker Max Born in den 20er Jahren: "Der Verstand unterscheidet zwischen möglich und unmöglich. Die Vernunft unterscheidet zwischen sinnvoll und sinnlos. Es ist Zeit, daß die Vernunft auf den Plan tritt und das, was heute möglich ist, noch rechtzeitig auf das Sinnvolle beschränkt".

Mit anderen Worten: Die Erkenntnis vollzieht sich auf zwei Ebenen, nämlich zwischen "richtig" und "falsch" als Ergebnisse der Erfahrungswissenschaften, und zwischen "sinnvoll" und "sinnlos" in der vernünftigen Abwägung ihrer Folgen.

Nach einer Formulierung des Schriftstellers Robert Musil ist die spätneuzeitliche Lage gekennzeichnet durch eine weit fortgeschrittene Naturwissenschaft, die über genaueste, die Ansprüche des Verstandes befriedigende Beschreibungsmöglichkeiten für komplizierte Sachverhalte verfügt, und eine weit zurückgebliebene seelisch-geistige Kultur, die diese Namen kaum verdiene [55].

Hier spricht ein Apostel der Unheilsgeschichte der naturbeherrschenden Vernunft in der Weise des Verfügbaren, wie sie etwa in Adornos und Horkheimers *Dialektik der Aufklärung* erzählt wird (s.S. 20). Wo etwas zum "Gegenstand" reiner Betrachtung stilisiert wird, der den Betrachter eigentlich nichts angeht, ist die Zusammengehörigkeit von Erfahrung und Erfahrenem überspielt. Gemeint ist die Zerstörung von Bedeutsamkeit und damit des Lebenszusammenhanges der "Welt" (Heidegger) (s. S. 17).

Unzweifelhaft drängen sinn- und wertbestimmte Fragen die Medizin in bisher fachfremde Lebens- und Denkbereiche hinein (Beispiel: Gentechnologie), suchen von dorther Rat, Zustimmung, Kritik, Normendiskurs, Erweiterung ihrer geistigen Horizonte. In der Wissenschaftsethik und Medizinethik müssen daher die Ambitio-

nen des Erkenntnisprozesses radikal mit der Frage nach
dessen Sinn und nach dessen möglichen Folgen gekoppelt
werden. Von dieser Verantwortung des Wissenschaftlers
muß man ausgehen, wenn man über die ethischen Grundlagen der medizinischen Forschung und des ärztlichen
Handelns sprechen will [57, 58].

Die Verläßlichkeit und die Vertrauenswürdig-
keit unserer medizinischen Institutionen ruhen außerdem
noch auf der *Konsensfähigkeit* ihrer ethischen Entscheidungen. Alle müssen dem zustimmen können, was da geschieht,
und deshalb muß in diesen neuen Fragen der Konsens gesucht werden, dem wir uns später anschließen können, wie
es der Tübinger Theologe Rössler formuliert hat.

Dann könnten – frei von "Wissenschaftsangst
und Erkenntnisekel" (Frühwald) – zahlreiche Probleme
erörtert werden; konkret betrifft dies etwa Fragen bei der
Kostenentwicklung der Medizin, bei der Abwägung von
Nutzen und Risiko von Pharmaka, bei der Handhabung der
Aufklärungspflicht; es betrifft die Nutzanwendung von Ergebnissen aus der Grundlagenforschung (etwa der Gentechnologie), die Probleme der aktiven und passiven Euthanasie, der Feststellung des Hirntodes, des Schwangerschaftab-
bruches, den Kodex bei der Patientenauswahl bei Organtransplantationen, die Einbeziehung des persönlichen
Schicksals und der sozialen Umwelt des Kranken in die
ärztliche Entscheidung, die Durchführung von wissenschaftlichen Untersuchungen am Menschen [84], Forschung
an nicht einwilligungsfähigen Kranken [85] und schließlich
auch die Heranziehung von Tieren zum Zwecke der medizinischen Forschung [57] (s. Kap. 4).

Eine geistige Fehlentwicklung der modernen Medizin wird dort manifest, wo der Mensch und sein Wissen als eine den Gesetzen des Marktes unterworfene Ware, als bloßes Objekt nach Maßgabe seiner Nützlichkeit gehandelt, gedemütigt und deshalb in seiner Menschenwürde verletzt wird [13, 249]. Zweckdienliche Eigeninteressen stehen hier im Konflikt mit der gebotenen Portion Uneigennützigkeit im Interesse des Nächsten und des Gemeinwesens.

Die *Ambivalenz wissenschaftlicher Forschung* wirft dann die Frage auf, ob es nicht auch Grenzen für wissenschaftliches Forschen geben muß. Beispiele ganz unterschiedlicher Problematik und Gewichtung sind die genetische Klonierung oder Selektion (s. unten) oder, alltäglicher, die Durchführung vergleichender therapeutischer Studien gegen Placebo ohne Zustimmung des Patienten. Nur in einem ständigen dialogischen Prozess lassen sich solche Grenzen erkennen, niemals kann es sich um ein endgültiges Urteil handeln. Zu leicht kann sich herausstellen, daß man Grenzen voreilig und ohne Kenntnis von Nutzen und Nachteil möglicher Entwicklungen gezogen hat.

Es scheint aber zweifelhaft, ob allein Gesetze ein effektives Mittel sein können, der Wissenschaft wie auch der ärztlichen Praxis Grenzen zu setzen. Diese Problematik wird beispielsweise bei der Forschung an Keimbahnzellen (s. 3.6) und beim Schwangerschaftsabbruch (s. 3.5) deutlich. In jedem Falle ist es wichtiger, das moralische Bewußtsein zu wecken und zu stärken wie auch das individuelle Verweigerungsrecht des Wissenschaftlers und des Arztes zu verankern [10].

Wie allerdings die Umsetzung von guter Gesinnung in die Tat, von Sollen in Handeln *praktisch* stattfinden soll, berührt das prekäre Verhältnis zwischen dem Allgemeinen und Partikularen. Mit dem Bezugssystem einer metaphysisch oder ideologisch begründeten Medizinethik läßt sich der angestrebte gesellschaftliche Konsens allein nicht herbeiführen. Es herrscht die Skepsis des nachmetaphysischen Pragmatikers. Akzeptabel wäre eine neuformulierte, nichtmetaphysische, realitätsnahe Vernunftethik, der die Ambivalenz des Fortschritts bewußt ist und die die Person des Forschers und des handelnden Arztes *individuell* in die Verantwortung nimmt.

3.4 Forschung am Menschen

Laut Berufsordnung und gemäß den Bestimmungen vieler wissenschaftlicher Publikationsorgane hat sich jeder Arzt bzw. im Bereich der Medizin Tätige (beispielsweise Biologe) vor der Durchführung einer Studie am Menschen durch eine Ethik-Kommission beraten zu lassen und bei Prüfungen nach dem Arzneimittelgesetz (AMG) ein *zustimmendes* Votum einholen. Ethikkommissionen beraten, sie bewilligen nicht; die Verantwortlichkeit bleibt beim Arzt bzw. dem im Bereich der Medizin Tätigen, der die Studie durchführt.

Die leitenden Gesichtspunkte, die für die moralische Diskussion ärztlicher Tätigkeit in Betracht kommen, sind von Beauchamp und Childress [192] wie folgt angegeben worden:

- Respekt für die Autonomie des Patienten,
- Gebot der Schadensvermeidung,
- Verpflichtung zur Hilfe,
- Gebot der Gerechtigkeit.

Zum Schutze einwilligungsfähiger und nicht-
einwilligungsfähiger Personen (Kinder, Bewußtseinsgestör-
te, Bewußtlose) haben internationale Ärzteverbände ethisch
verbindliche Erklärungen abgegeben (z. B. die Entschließung von Stockholm 1994). Ärztliches Handeln als ethische
 Herausforderung beinhaltet auch die "Nürnberger Erklärung" vom 27.04.1996 [194]. Zu den Grundsätzen ärztlicher
Aufklärung s. [214].

Zur *Forschung an nichteinwilligungsfähigen
Personen* hat die Zentrale Ethikkommission bei der Bundesärztekammer im Frühjahr 1997 unter ihrem Vorsitzenden
Pichlmaier ihr erste Stellungnahme zur Bioethik-Konventi-
on des Europarates bekanntgegeben [272]; sie bestand aus
16 Vertretern der Ärzteschaft, von Forschungseinrichtun-
gen, der Gewerkschaften, der beiden großen Kirchen und
des Zentralrats der Juden und entspricht im Grundsätzlichen den vom Europarat (bei Enthaltung Deutschlands)
verabschiedeten Regelungen. Danach ist Forschung an
nichteinwilligungsfähigen Personen nur dann zu rechtfertigen, wenn

- das Forschungsprojekt nicht auch an einwilligungsfähigen
  Personen durchgeführt werden kann;
- das Forschungsprojekt wesentliche Aufschlüsse zur Erkennung, Aufklärung, Vermeidung oder Behandlung einer
  Krankheit erwarten läßt;
- das Forschungsprojekt im Verhältnis zum erwarteten Nutzen vertretbare Risiken erwarten läßt;
- der gesetzliche Vertreter eine wirksame Einwilligung in die
  Maßnahme erteilt hat, wobei vorausgesetzt ist, daß er aus
  der Kenntnis der zu vertretenden Person ausreichende An-

haltspunkte hat, um auf ihre Bereitschaft zur Teilnahme an der Untersuchung schließen zu können;

- ein ablehnendes Verhalten des Betroffenen selbst nicht vorliegt;
- die zuständige Ethikkommission das Forschungsvorhaben zustimmend beurteilt hat [272].

Besondere Schutzkriterien treten dann ein, wenn nicht der Betroffene selbst, sondern anderen Kranken der wissenschaftliche Nutzen zugute kommt.

Auf eine Kleine Anfrage nahm der Deutsche Bundestag am 6.01.1998 (Drucksache 13/9577) im gleichen Sinne und mit zusätzlichen Ausführungen zur Rechtslage und zu den international geltenden Schutzkriterien Stellung.

3.5 Schwangerschaftsabbruch (Reform des § 218)

Artikel 2 Abs. 2 des Grundgesetzes lautet: "Jeder hat das Recht auf Leben und körperliche Unversehrtheit ... In diese Rechte darf nur aufgrund eines Gesetzes eingegriffen werden" (Personenkriterium).

Nach der geltenden Rechtslage und abweichend zur allgemeinen Formulierung im Grundgesetz ist das Lebensrecht des Fetus rechtlich wie auch in der normativen Ethik der modernen Gesellschaft weitgehend ungeschützt. Darüber ist sich die überwiegende Mehrzahl der Ärzte und Juristen einig [319].

Der reformierte § 218 sichert Straflosigkeit des Schwangerschaftsabbruches u. a. in folgenden beiden Fällen zu:

1. *Fristenlösung*, d. h. Schwangerschaftsabbruch innerhalb 12 Wochen nach Empfängnis und mit Vorlage einer Beratungsbescheinigung gemäß § 219 Abs. 2 Satz 2 (StGB).

Die Inhalte der Beratung legten im einzelnen das Schwangerschaftkonfliktgesetz vom 27.07.1992 fest (geändert am 21.08.1995; BGBl I S. 1050). Die Beratung dürfe zwar "ergebnisoffen", nicht aber "zieloffen" sein. Nach dem Urteil des Bundesverfassungsgerichtes (1993) müsse die Beratung "auf den Schutz des ungeborenenLebens hin orientiert sein". Mit "zieloffen" müsse der Schwangeren deutlich gemacht werden, daß dem Schutz des Ungeborenen grundsätzlich der Vorrang gebührt. Zur Debatte um den Beratungsschein in Verbindung mit dem Papstschreiben vom 12.03.1999 sei lediglich darauf hingewiesen, daß darin der Dualismus zwischen kirchlicher und staatlicher Rechtsordnung deutlich wird.

2. *Schwangerschaftsabbruch ohne zeitliche Begrenzung*; im einzelnen legt der Gesetzestext fest:

Der mit Einwilligung der Schwangeren von einem Arzt vorgenommene Schwangerschaftsabbruch ist nicht rechtswidrig, wenn der Abbruch der Schwangerschaft unter Berücksichtigung der gegenwärtigen und zukünftigen Lebensverhältnisse der Schwangeren nach ärztlicher Erkenntnis angezeigt ist, um eine Gefahr für das Leben oder die Gefahr einer schwerwiegenden Beeinträchtigung des körperlichen oder seelischen Gesundheitszustandes der Schwangeren abzuwenden, und die Gefahr nicht auf eine andere für sie zumutbare Weise abgewendet werden kann.

Nach Auffassung der *Bundesärztekammer* könnte die medizinische Indikation ohne Fristbindung danach unzutreffend so verstanden werden, als wäre die bloße

Tatsache einer festgestellten Erkrankung, Entwicklung oder
Anlageträgerschaft des Kindes für eine Erkrankung bereits
eine Rechtfertigung für einen Schwangerschaftsabbruch.
Die medizinische Indikation setze allerdings voraus, daß –
nach ärztlicher Erkenntnis – die Fortsetzung der Schwangerschaft die Gefahr einer schwerwiegenden Beeinträchtigung des körperlichen oder seelischen Gesundheitszustandes der Schwangeren bedeuten würde, die nicht auf andere
für sie zumutbare Weise abgewendet werden kann. Eine solche Gefahr kann sich auf einen auffälligen Befund gründen,
der Befund allein darf jedoch nicht automatisch zur Indika-
tionsstellung führen [274].

Ferner wird in der Erklärung der Bundesärztekammer an die ärztliche Selbstverantwortung *unterhalb* der
Gesetzesebene appelliert und eine Beratung der Betroffenen
durch zwei Ärzte, eine zeitliche Befristung des Eingriffs (vor
der 22. Schwangerschaftswoche), Ausnahmeindikationen
für einen Fetozid (nach der 22. Schwangerschaftswoche) und
dementsprechende gesetzliche Nachbesserungen wie auch
ein Weigerungsrecht der Ärzte (wie im § 12 SchwKG festgelegt) empfohlen. (Zu den ärztlichen Indikationen des Em-
bryo- oder Fetozids bei Mehrlingsgravidität s. [320, 321].)

Ein für Ärzte bei *Spätabtreibungen* bedrük-
kendes Dilemma entsteht aus der gesetzlichen Verpflichtung, lebendgeborene Kinder entgegen der ursprünglichen
Tötungsabsicht medizinisch zu versorgen. Der 102. Deutsche Ärztetag fordert deshalb in einer Entschließung eine
frühzeitige und kompetente pränatale Diagnose und gesetzliche Regelungen, die eine Spätabtreibung bei lebensfähigen
Feten ausschließen. Es muß klargestellt werden, daß es
nicht die pränatale Diagnostik ist, welche moralisch ver-

werflich ist, sondern das Handeln der Ärzte, wenn sie diese Methode zur Diskriminierung von Menschen mit bestimmten genetischen Merkmalen, also im Sinne einer eugenischen Indikation, einsetzen.

In Deutschland wurden im Jahr 1998 131.795 Schwangerschaftsabbrüche gemeldet; die Dunkelziffer wird auf mindestens dieselbe Höhe geschätzt. Nur bei 9% der gemeldeten Fälle erfolgte der Eingriff vor der 6., bei rund einem Drittel zwischen der 6. und 8. Schwangerschaftswoche. Über die Hälfte der Abruptiones wurden ab der 8. Schwangerschaftswoche vorgenommen. Die Vorteile der medikamentösen Methode werden zumeist überbewertet, die operativen Risiken überschätzt.

Häufige Konfliktlagen in der Praxis: Wenn junge Eltern vor der Frage eines Schwangerschaftsabbruches stehen, kann es zu einem Konflikt zwischen dem zu schützenden Recht ungeborener Personen auf Leben einerseits und individuellen Motivationen ganz verschiedenartiger Begründungsebenen andererseits kommen: seelische oder körperliche Erkrankungen der Mutter; Wunsch nach Kinderlosigkeit (Gründe?); Angst vor einem (ggf. zweiten) behinderten Kind; Schwangerschaft als Folgezustand einer Vergewaltigung; Wunsch nach Junge oder Mädchen; Empfängnis unter Drogeneinfluß; soziale/wirtschaftliche Interessen; Erbkrankheiten in der Familie; diagnostischer (pränataler) Nachweis von Mängeln oder künftiger Behinderung unterschiedlichen Schweregrades etc. (s. hierzu [107, 188, 256]).

Welche davon sind überhaupt Kriterien der Unzumutbarkeit? Ärztliche Indikation zum Fetozid?: Problem Straffreiheit vs. Moralität. Als mögliche künftige Forderungen einer Konsumentengesellschaft sind vorstellbar: Schwangerschaft auf Probe; Wunschkinder nach Maß (z. B. durch pränatale Geschlechtsbestimmung); Beseitigung überzähliger Embryonen oder Feten.

(Zur "Praktischen Ethik" des australischen Philosophen Peter Singer in bezug auf die Rechtfertigung von Schwangerschaftsabbruch und Kindstötung s. [98, 373] und Kap. 9.3.)

Als weitere Unstimmigkeiten und Ambivalenzen im Umfeld von Zeugung, Schwangerschaft und Geburt wären zu nennen: Übertragung von Y-chromosomal gekoppelten und anderen Gendefekten sowie durch Studien nicht belegte Spätergebnisse nach ICSI-Technik (intrazytoplasmatische Spermieninjektion in die unbefruchtete Eizelle); hohe Mißbildungsquote von Frühgeburten, die mit Hilfe von Perinataltechniken überlebten.

Die geltende Gesetzeslage ruft die von Kant in der *Metaphysik der Sitten* [237] schon erkannte und vorgegebene Kluft zwischen vernünftiger Setzung (Rechtslehre) und tätiger Durchsetzung der Vernunft (Tugendlehre) in Erinnerung, und zwar gemäß der Einsicht, daß sich in der Rechtssphäre im Vergleich zur normativen Ethik (kategorischer Imperativ) nur eine minimale Sittlichkeit festsetzen läßt, auf deren Verletzung dann aber Sanktionen stehen (s. hierzu auch [275]).

3.6 Gentechnologie

Die fadenförmige DNA besteht nur aus vier verschiedenen Bausteinen, den Nukleotiden A, G, C und T, deren unterschiedliche kombinatorische Reihenfolge auf dem Faden die Erbinformation verschlüsselt. Der DNA-Faden ist in einzelne Abschnitte, die man Gene nennt, eingeteilt. Zwischen den Genen liegende DNA-Abschnitte stellen Steuerungssignale dar, die bestimmen, zu welchem Zeitpunkt welche Menge eines Proteins in welchen Zellen synthetisiert wird. Beim

Menschen besteht das Erbgut aus etwa 3 Milliarden DNA-Bausteinen [362]. Grundlagen der molekularen Genetik s. [372].

Dank neuer Techniken liegen bei den rund 70-100.000 Genen des Menschen zu etwa zwei Dritteln Teilinformationen vor, mittels deren man die zugehörigen Proteine und ihre organspezifische Aktivität erforschen kann. So läßt sich durch Analyse von rund 150.000 cDNA-Teilsequenzen die Aufgabenverteilung aktiver Gene in einer typischen menschlichen Zelle abschätzen:

RNA- und Proteinsynthese 22%, Zellteilung 12%, Signalübertragung 12%, Abwehr 12%, Stoffwechsel 17%, Struktur 8% und bekannt 17% [324]. Das internationale Humangenomprojekt zielt auf die vollständige Aufklärung der DNA-Basensequenz aller 46 menschlichen Chromosomen bis zum Jahr 2005. (Grundlagen s. [213]; hier finden sich auch kompetente Ausführungen zum rechtlichen Problem der Patentierung menschlicher Gene und einzelner Abschnitte in Hinsicht auf wirtschaftliche Nutzung vs. Einschränkung der freien Forschung.)

Nach langem Streit wurde im Mai 1998 die neue EU-Richtlinie erlassen, die der Kommerzialisierung von in freier Forschung erbrachten Ergebnissen die Türe öffnet. Dazu gehört beispielsweise das aktuell florierende Geschäft mit der "Früherkennung" des patentierten "Brustkrebsgens" BRCA 1 und 2.

Die Human Genome Organization (HUGO) vertritt im Widerspruch zu einer Entscheidung des US-amerikanischen Patentamtes den Standpunkt, alle neu erhobenen Sequenzierdaten unmittelbar der Öffentlichkeit zugänglich zu machen. Gegen die Patentierung von Genen wird argumentiert, daß sie bereits in der Natur existieren und daher nicht erfunden, sondern höchstens entdeckt werden können. Entdeckungen sind aber nicht patentfähig. In der laufenden Debatte hat das Europäische Patentamt jüngst die Patentierbarkeit menschlicher Gene im Prinzip bejaht [325].

In der Gentechnologie geht es generell um folgende Anwendungsbereiche:

- DNS-Neukombination (z. B. an Nutztieren, Nutzpflanzen);
- Diagnose von Gendefekten (z. B. Chorea Huntington, CYP2D6-Mangel, genetische Disposition zu Erkrankungen des Erwachsenenalters (z. B. epitheliale Tumoren, Osteoporose);
- Gentherapie:
    somatische Ebene (z. B. Thalassämie, Mukoviszidose),
    Keimbahnebene (Eingriffe an Embryonen),
    Klonen (Erzeugung genetisch identischer Individuen);
- Gewinnung von pluripotenten Stammzellen ("tissue engineering").

Humangenetik ist ein Teil der Medizin und den Kranken verpflichtet. Das Machbare ist nicht immer das Menschliche. Um des Menschseins willen darf nicht alles gemacht werden, was man machen kann; dies ist ein durchgehendes Prinzip der Medizinethik und ein Thema des öffentlichen Diskurses. Ähnlich konfrontieren uns zahlreiche andere Entwicklungen der Medizin mit der Ambivalenz des Fortschrittes (z. B. Sterbehilfe, Organentnahme, künstliche Befruchtung, Datenschutz) und fordern eine diesen Entwicklungen angemessene moralische Verantwortung heraus. Ein von der Angst und Wissenschaftsfeindlichkeit generiertes Erkenntnisverbot, wie dies Teile des deutschen Embryonenschutzgesetzes ahnen lassen, hilft dem moralisch begründeten und von den Kranken erhofften Fortschreiten

unseres Wissens nicht. Ganz gewiß hat die sachliche Aufklärung der Öffentlichkeit über Ziele und Grenzen der Genforschung dazu beigetragen, Ängste und Vorurteile abbauen
zu helfen. Eine lesenswerte, aufklärende Schrift für Laien
ist hier von Winnacker [149] vorgelegt worden.

Bestimmte genetische Schäden, die zu angeborenen Krankheiten oder Behinderungen führen, lassen sich
bei Embryonen (in vitro) und Feten (in utero) früh erkennen. Der Konflikt besteht in der Belastung einer Familie
durch ein schwerbehindertes Kind einerseits, auf der anderen Seite regiert der moralisch verfängliche Aspekt einer
genetischen Selektion [236].

Man muß dazu noch wissen, daß im Gegensatz
zur pränatalen Diagnostik an Feten die Diagnostik an Embryonen (durch Einzelzelluntersuchung im Achtzellstadi-
um), die im Reagenzglas gezeugt und noch nicht in die Ge-
bärmutter implantiert sind, in Deutschland zwar noch verboten ist, in den USA und in einigen europäischen Ländern
bereits praktiziert wird.

Die Fortschritte der Gendiagnostik bei vererb-
baren Krankheiten (z. B. Chorea Huntington, spinale Mus-
kelatrophie, MEN 1, Galaktosämie) zum Nutzen der Famili-
enberatung sind beachtlich und gehören heute schon in
speziellen Fällen zur Routinediagnostik. In ähnlicher Weise
gilt dies beispielsweise für die genetische Risikoabschätzung wie auch Früherkennung in Familien mit kolorekta-
lem Karzinom oder als molekulares Screening bei Platten-
epithelkarzinomen im HNO-Bereich. Voraussichtlich wird
in wenigen Jahren ein flächendeckendes genetisches Screening auch für rezessive Erbleiden zur Verfügung stehen
(z. B. Tumordispositionen im BRCA1-Gen = eine Form des

familiären Mammakarzinoms). Nicht nur die Bundesärzte-kammer, sondern auch der Europarat hat in der "Konventi-on über Menschenrechte und Biomedizin" am Junktim von genetischer Diagnostik und Beratung festgehalten (s. auch [343]).

Die Transgen- und "Knockout"-Technologie (z. B. an Mäusen) ge-hört heute zum Standardrepertoire der molekulargenetischen und biomedizinischen Forschung. Sie liefert präzis definierte Krankheitsmodelle am Tier (z. B. Defekte am LDL-Rezeptor, mutier-tes Amyloidvorläuferprotein = β-Amyloid) als Vorstufe zum thera-peutischen Schritt am Menschen. Die somatische Gentherapie ist definiert als die Einbringung von Genen in Gewebe oder Zellen mit dem Ziel, durch die Expression und Funktion dieses Gens the-rapeutischen Nutzen zu erlangen. Der Gentransfer erfolgt durch Viren als Carrier oder künftig durch künstlich verpackte oder "nackte" DNA. (Methodische Einzelheiten s. [184, 185, 186, 323].)

Methodisch denkbar erscheinen gentherapeu-tische Engriffe in erster Linie bei monogenetischen Erb-krankheiten (z. B. Chorea Huntington). Ferner existieren Konzepte bei Erkrankungen des ZNS (z. B. Speicherkrank-heiten, degenerative Erkrankungen), bei der Mukoviszido-se (α_1-Antitrypsin-Mangel), bei der Thalassämie, bei der familiären Hypercholesterinämie, am Koronargewebe (DANN-Plasmide für den Wachstumsfaktor VEGF), in Form einer Krebsimpfung mit manipulierten Tumorzellen, bei HIV- und anderen Infektionen durch Einschleusung kurzer RNA-Abschriften in regulatorische Abschnitte des Virusge-noms und durch Verabreichung von Chimärenantikörpern des HER2-Rezeptorproteins beim metastasierenden Mam-makarzinom.

Die erste somatische Gentherapie wurde im September 1990 am
National Institute of Health in den USA bei einem vierjährigen
Mädchen mit Adenosindeaminase-Mangel (ADA-Mangel), einem
schweren angeborenen Immundefekt, durchgeführt. Bis heute
sind mehr als 350 klinische Gentherapiestudien zugelassen und
mehr als 3000 Patienten behandelt worden. Der erste dokumentierte Todesfall (17.9.99) an der US-Universität von Pennsylvania
eines Patienten mit einer Ornithincarbamylase-Defizienz hat die
Risiken einer hohen Dosis mit Adenoviren als Transportvehikel
direkt in die Leber offengelegt.Die FDA in den USA hat dieses
Verfahren zunächst ausgesetzt und weitere Verfahrensfehler
gerügt.

Viele Erbkrankheiten wird man durch Gentherapie voraussichtlich niemals heilen können. Etwa 10% mögen auf konventionellem Wege behandelbar sein; für die
große Mehrheit der monogenen Krankheiten bleibt vorerst
die genetische Beratung und die Früh- und Pränataldiagno-
se das Beste, was betroffenen Familien realistisch angeboten
werden kann.

Das Genom ist keine Liste von isolierten Ein-
zelinstruktionen, sondern selbst bereits ein hoch interakti-
ves Netzwerk. Gleiches gilt für die Entwicklung vom Ei zum
Organismus. Sie beruht auf komplexen Selbstorganisations-
prozessen, die von fortwährenden. Interaktionen zwischen
dem Genom, den sich entwickelden Zellen und deren jewei-
liger Organumgebung getragen werden. Hier ergeben sich
erneut kaum überschaubare Möglichkeiten zur Anpassung
an die Veränderung im Expressionsmuster einzelner Gene.
So wird verständlich, daß die lineare Beziehung "ein Gene -
ein Merkmal" die seltene Ausnahme darstellt (W. Singer).

Zur Verantwortlichkeit der beteiligten Forscher gehört u. a. auch die Frage nach der Sicherheit der Gentherapie: Nebeneffekte auf andere Organe außer dem Zielorgan? Keine Verbreitung auf andere Menschen? Keine Keimbahneingriffe?

Die ethische Bewertung gentechnischer bzw. gentherapeutischer Eingriffe am Menschen erfordert die Beachtung verschiedenartiger methodischer Details und ein Bezug auf den jeweiligen Krankheitsfall. Hierzu hat eine interdisziplinäre Forschergruppe der Universität München (Institut Technik-Theologie-Naturwissenschaften) [362] ein sog.Eskalationsmodell formuliert, das die wissenschagftlichen, medizinischen und ethischen Kriterien der Genforschung in einzelnen Stufen erläutert (hier gekürzt zitiert) und als Grundlage des öffentlichen Diskurses dienen kann:

1. **Stufe:** Substitutionstherapie mit gentechnisch erzeugten Proteinen (gentechnische Veränderung nicht-menschlicher Species).
   Beispiel: gentechnisch aus Kulturen hergestelltes humanes Insulin.
   Herstellungsverfahren ethisch geprüft, erprobt und zugelassen. Es wird kein neues genetisches Material in den Patienten eingebracht.
2. **Stufe:** Somatische Gentherapie zur Behandlung genetischer Erkrankungen ("Genetische Substitutionstherapie").
   Fallbeispiel: Mukoviszidose. Intakte Genkopien werden via Transportvehikel in den Körper eingebracht (In-vivo-Therapie).
   Die im Tiermodell bereits gut funktionierende Therapie ist jedoch beim Menschen bislang nicht erfolgreich, da zu wenig therapeutisches Erbgut in die Lungen gelangt. Beeinflussung der Keimbahnzellen nicht auszuschließen.
3. **Stufe:** Somatische Gentherapie eines Gendefektes am Ungeborenen.
   Anwendung in utero oder im Anschluß an eine In-vitro-Fertilisation nach (gesetztlich noch verbotener) Präimplantationsdiagnostik.
   Fallbeispiel: Erbfehler, die zu Fehlbildungen des Gesichts führen.
   Tierexperimentelles Stadium, Anwendung am Menschen nicht absehbar. Beeinflussung der Keimbahnzellen möglich.
4. **Stufe:** Keinbahntherapie zur Behandlung von krankheitsverursachenden Erbfehlern.
   Fallbeispiel: Eine mit hohem Risiko in einer Familie immer wieder auftretende Erbkrankheit (z.B. Chorea Huntington) könnte damit für die nach-

folgenden Generationen eliminiert werden. Bei Tieren etabliertes Verfahren, Anwendung am Menschen extrem risikoreich, außerdem in Deutschland nach geltendem Recht nicht möglich (Stichwort: "verbrauchende Embryonenforschung"). Alle ethischen Abwägungen sind prospektiver Natur.

5. **Stufe:** Keinbahntherapie mit Einführung "neuer" Gene zur Krankheitsprävention. Dieser gentherapeutische Eingriff könnte zum Ziel haben, Resistenzgene zur Krankheitsprävention in das Erbgut anderer Menschen einzuführen.
   Fallbeispiel: Grippe, AIDS. Mögliche Auswirkung auf die Gesamtheit des Genomes, daher ethisch qbsolet.

6. **Stufe:** Keimbahntherapie als Präventivmaßnahme gegen Risikofaktoren oder Normabweichungen.
   Fallbeispiele: Fettsucht, extreme Aggressivität, Körpergröße etc. Anwendung denkbar, aktuell auch tierexperimentell nicht machbar.

7. **Stufe:** Keimbahntherapie zur Veränderung der menschlichen Gattung.
   Fallbeispiele: Intelligenz, Aggression, Alterung. Gehört nicht in den Bereich des ethisch zu rechtfertigenden medizinischen Handelns.

Zusammengefaßt liegt die wissenschaftlich wie ethisch bedeutsame Schwelle zwischen den Stufen 3 und 4, also dort, wo die Grenze zwischen Therapie von Individuen und Therapie von Vertretern der Spezies Mensch überschritten wird [362]. Zu den ethischen und juristischen Aspekten der Gentherapie s.a. [363].

Klonierung, Embryonenschutzgesetz. Ein Beispiel von Ambivalenz in der modernen Medizin ist die Embryonenforschung: Durch die liberale Handhabung der Techniken der Fortpflanzungsmedizin finden wir in England und in den USA ein boomendes Geschäft vor, das menschliches Leben als profitable Ware betrachtet [218]. – Es beruhigt nicht, daß das Klonen menschlicher Embryonen noch nicht realisierbar erscheint, ganz abgesehen vom Risiko mißgebildeter Produkte und eines nichtidentischen "Output".

In jüngster Zeit hat der Europarat seinen Mitgliedern ein Zusatzprotokoll zur Konvention über Menschenrechte und Biomedizin vorgelegt, wonach das Klonen von Menschen untersagt wird.

In § 6 des deutschen Embryonenschutz-Gesetzes (in der Fassung vom 13.12.1990; BGBL I S. 2746) heißt es:

> Wer künstlich bewirkt, daß ein menschlicher Embryo mit der gleichen Erbinformation wie ein anderer Embryo, ein Fötus, ein Mensch oder ein Verstorbener entsteht, wird mit Freiheitsstrafe bis zu fünf Jahren oder mit Geldstrafe bestraft.

Auch hat der Deutsche Ärztetag schon 1965 eine künstliche "Mehrlingsbildung" für unzulässig erklärt. Weitere Verbote im Rahmen dieses Gesetzes sind u. a.:

- die Übertragung einer fremden unbefruchteten Eizelle auf eine Frau;
- eine Eizelle zu einem anderen Zweck künstlich zu befruchten, als eine Schwangerschaft der Frau herbeizuführen, von der die Eizelle stammt;
- mehr Eizellen zu befruchten, als ihr innerhalb eines Zyklus übertragen werden sollen;
- eine mißbräuchliche Verwendung menschlicher Embryonen (z. B. Verkauf eines durch künstliche Befruchtung erzeugten Embryos);
- durch künstliche Befruchtung das Geschlecht zu bestimmen, es sei denn, es soll eine geschlechtsgebundene, im Landesrecht als schwerwiegend anerkannte Krankheit vermieden werden;
- wissentlich eine Eizelle mit dem Samen eines Mannes nach dessen Tod künstlich zu befruchten;

- die menschliche Erbinformation künstlich zu verändern;
- die Chimären- oder Hybridbildung, also z. B. die Befruchtung einer menschlichen Eizelle mit dem Samen eines Tieres.

Bereits 10 der 15 EU-Mitgliedsstaaten haben mittlerweile die Europäische Konvention zu Menschenrechten und Biomedizin sowie das Zusatzprotokoll über das Verbot des Klonens menschlicher Lebewesen unterschrieben. Danach ist jeder Eingriff verboten, der darauf abzielt, ein menschliches Lebewesen zu schaffen, das mit einem anderen genetisch identisch ist.

Mit diesen gesetzlichen Regelungen ist vorerst auch jede Therapie von (monogenetischen) Erbkrankheiten untersagt, die nur in Verbindung mit der In-vitro-Fertilisation und mit der Präimplantationsdiagnostik möglich sind.

Das entscheidende Argument gegen die Durchführung derartiger Experimente ist die derzeit noch gültige Tatsache, daß es für die Embryotherapie kein sinnvolles Anwendungsgebiet gibt. Nach einer über zehnjährigen Erfahrung im Bereich der künstlichen Befruchtung in Deutschland ist die Arbeitsgruppe Reproduktionsmedizin der Universitäts-Frauenklinik in Göttingen 1993 zu dem Ergebnis gelangt, "daß nach heutigem Wissensstand kein Forschungsbedarf am menschlichen Embryo besteht, da weder hochrangige Forschungsziele erkennbar sind noch ein zusätzlicher Erkenntnisgewinn aus der Grundlagenforschung an ausschließlich menschlichen Embryonen zu erlangen ist".

Man muß nämlich bedenken, daß die meisten ernsten Gendefekte ein rezessives Vererbungsmuster haben. Wenn beide Eltern Anlageträger sind, dann sind statistisch drei Viertel der Embryos gesund und nur ein Viertel krank.

Um nun unnötige Eingriffe und Risiken zu vermeiden, müßte in dieser Situation jeder Embryotherapie eine molekulargenetische Untersuchung der betreffenden Keime vorausgehen. Danach läge es viel näher, gesunde Embryos in den Uterus der Mutter zurückzuverpflanzen, als sich auf eine Therapie der betroffenen Keime zu versteifen.

In Deutschland ist jede Manipulation an menschlichen Embryos noch untersagt. Dies schließt auch die Frühdiagnose von Erbkrankheiten vor der Implantation des Keimes aus. In anderen europäischen Ländern betrachtet man die Präimplantationsdiagnostik als eine willkommene, wenn auch teure Alternative zur Amniozentese und Chorionbiopsie. In bestimmten Fällen kann die Präimplantationsdiagnostik helfen, einen späten Schwangerschaftsabbruch zu vermeiden [325].

Embryonale Stammzellen. Im November 1998 ist es zwei Forschergruppen in den USA und in Israel erstmals gelungen, *pluripotente Zellen,* die sich im Prinzip in viele der mehr als 200 unterschiedlichen Zelltypen des menschlichen Körpers weiterentwickeln können, aus Embryonen bzw. Feten zu gewinnen und dauerhaft in Gewebekultur zu halten.

In den bisher publizierten Untersuchungen der Arbeitsgruppe um Thomson am Primatenforschungszentrum von Wisconsin (USA) waren die Stammzellen verfügbar aus "überzähligen" intakten Embryonen einer In-vitro-Fertilisation. Sie wurden mit Einwilligung der "Spender" (Eltern) und einer Ethikommission für die Forschung freigegeben [322].

Selbst in den Ländern, in denen die Gewinnung von humanen Stammzellen durch In-vitro-Befruchtung verboten ist, ist es legal, sog. embryonale Urkeimzellen aus dem Gewebe von abgegangenen Feten zu gewinnen. In einer jüngst publizierten Stellungnahme der Deutschen Forschungsgemeinschaft sah diese keinen Anlaß, die geltende Rechtslage zu ändern. Insofern ist für die deutsche Forschung der Weg frei, aus den vielfältig entwicklungsfähigen embryonalen Urkeimzellen neues Gewebe oder gar Organe zu züchten ("tissue engineering") [342]. Neu ist ein experimentelles Verfahren, die Klonierung von Organen bzw. Organzellen mittels körpereigener Zellen (nicht Keimzellen) zu bewerkstelligen.

Die Ambivalenz einer immer weiter vorangetriebenen Gentechnologie an Keimbahnzellen springt ins Auge: geklonte Schafe und Schweine für das "Genfarming" (z. B. zur Herstellung von speziellen Eiweißen zu Heilzwecken: Blutgerinnungsfaktoren, Mukoviszidoseeiweiß; Einzelheiten zum molekularbiologischen Verfahren s. [97]); Menschen als Organspender (z. B. Übertragung embryonaler Nervenzellen in das Gehirn von Parkinson-Kranken [252]). – Aber es gibt auch die Polemik der Angstmacher: Menschen als Ersatzteillager? Tendenzen zum Designer-Menschen in Form geklonter Arbeiter und Soldaten? Dies wäre dann der Maschinenmensch utopischer Romane, mithin fleischgewordener Roboter, in den entsprechende Vorzüge und Fähigkeiten hineinmanipuliert werden könnten.

Pessimistisch betrachtet lehrt die Geschichte, daß die normative Ethik im nachhinein noch immer fast alles gerechtfertigt hat, was in der Praxis möglich war – vom Atom bis zur Medizin (die Macht des Machbaren). Eine Frage, die von der geistigen Binnenstruktur unserer Gesellschaft abhängt, ist, ob der wissenschaftliche Fortschritt allein aufgrund seiner augenscheinlich erbrachten Nützlich-

keiten die rechtliche und sittliche Hemmschwelle entlang
einer simplen (pragmatisch motivierten) "Nützlichkeits-
ethik" Schritt um Schritt, Jahr für Jahr absenkt. Gerade in
der Humanmedizin sind genetische Manipulationen durch
den Heilauftrag der Medizin und den Leidensdruck der Betroffenen von vorneherein begünstigt oder da und dort sogar legimiert. Wer heilt hat recht! In den USA beispielsweise
geht es gar nicht mehr um das Ob, sondern nur noch um
das Wie, Wann, Wofür, in welchem Umfang. Deshalb erscheint es höchst zweifelhaft, ob eine solche Entwicklung –
nicht zuletzt wegen des in Aussicht stehenden wirtschaftlichen Profits, der die Aktienkurse der Patenthalter (für das
geklonte Schaf "Dolly" ist dies eine Firma in Schottland)
hochtreibt – unter dem bislang nur schwachen Druck eines
demokratischen Widerstandes, der eine Zeitlang von leeren
öffentlichen Kassen oder von Parlamenten unterstützt werden kann, noch zu verhindern ist. Aber sie muß durch den
öffentlichen Diskurs gründlicher bedacht werden. Genetik
braucht Genethik – mehr als ein Wortspiel!

Den geklonten Menschen hat es im zweiten
Jahrtausend nicht gegeben – aber das nächste dauert recht
lange. "Wir brauchen", so hat es Hans Jonas einmal ausgedrückt, "die Bedrohung des Menschenbildes, um uns im Er-
schrecken davor eines wahren Menschenbildes zu ver-
sichern".

Die Freiheit der Forschung hat dort ihre Grenzen, wo andere Grundrechte verletzt werden. Das Klonen
von Menschen verstößt gegen das Grundrecht des Menschen auf eine eigene, individuelle genetische Identität. Für
Habermas bleibt für die Zumutung moralisch verantwortli-
chen Handelns *eine* Bedingung wesentlich: Keine Person

darf über eine andere so verfügen und deren Handlungs-
möglichkeiten so kontrollieren, daß die abhängige Person
eines Stückes ihrer Freiheit beraubt wird. Diese Bedingung
wird verletzt, wenn einer über das genetische Programm eines anderen entscheidet. Sklaverei ist ein Rechtsverhältnis
und bedeutet, daß ein Mensch über einen anderen Menschen als Eigentum verfügt. Mit den heute geltenden verfassungsrechtlichen Begriffen von Menschenrecht und Menschenwürde ist sie unvereinbar. Nach den gleichen moralischen Maßstäben – und nicht allein aus religiösen Gründen
– ist das Kopieren der Erbsubstanz eines Menschen zu ver-
urteilen [183].

Aus der abwägenden Sicht des Molekularbio-
logen Winnacker zählt zwar die Forschungsfreiheit zu den
durch das Grundgesetz zu schützenden Rechten. Sie war
und ist aber niemals absolut. Im Falle der Klonierung und
der genetischen Veränderungen von Keimzellen muß sie
hinter den Grundrechten auf Leben und Gesundheit und
dem auf Menschenwürde zurückstehen [96].

Wie unübersichtlich sich diese Perspektiven
auf internationalem Tableau anbieten, zeigt das 1994 von
Peking verabschiedete "Gesetz zum Schutz der Gesundheit
von Mutter und Kleinkind". Der Londoner Sinologe Frank
Dikötter hat unlängst dargelegt, daß die chinesische Regierung in ihrer Bevölkerungspolitik und Geburtenkontrolle
einem "biologischen Imperativ" folge. Das neue Gesetz
könnte der eugenischen Auslese Tür und Tor öffnen. Das
menschliche Leben werde auf seine biologischen Merkmale
reduziert und das menschliche Erbmaterial für beliebige
Manipulationen zur "Verbesserung des Erbgutes" freigegeben [95].

3.7 Unrechtshandlungen in der Medizin

Unvergessen und nachwirkend sind die schmählichen Ereignisse unseres Jahrhunderts, in die auch Ärzte verwickelt waren (Stichwort: "Gnadentod" in deutschen Heil- und Pflegeanstalten). In seiner Abhandlung "Der Psychiater als Zeitzeuge" versteht H. Lauter [86] diese furchtbaren Geschehnisse, zu denen auch die Versuche an nichteinwilligungsfähigen Menschen in Erinnerung gerufen werden müssen, nicht als mehr oder weniger zufällige, einmalige und endgültig erledigte Betriebsunfälle der Menschheitsgeschichte, die wir den Archiven der Historiker überlassen könnten. Durch viele unsichtbare Fäden miteinander verwoben, wurzeln sie vielmehr in vielfältigen, äußerst virulenten geistesgeschichtlichen Strömungen, die schon lange vor diesen Ereignissen das gesellschaftliche Bewußtsein bestimmten und in Verbindung mit neueren Tendenzen des Zeitgeists in die Gegenwart und Zukunft hineinwirken. Der Glaube daran, daß sich die Vorgänge nicht wiederholen, wäre ein verhängnisvoller Irrtum.

Die Erinnerung an die Vergangenheit läßt aber auch erkennen, wie leicht Ärzte und Wissenschaftler von den jeweils herrschenden Wertvorstellungen ihrer Zeitepoche erfaßt, unversehens als Instrument der Politik mißbraucht und in Unrechtshandlungen verwickelt werden können. Die technologischen Mittel der Naturbeherrschung schreiten sehr viel rascher voran als die Reflektion der damit verbundenen ethischen Probleme. Immer häufiger und unverblümter wird der Arzt als Manager zur Steuerung von knapper werdenden ökonomischen Ressourcen herangezogen. Schon wieder macht eine biologistisch orientierte philosophische Anthropologie Lebenswert, Lebensrecht und Lebensschutz des einzelnen von dem Vorhandensein eines rationalen Bewußtseins und anderer personaler Attribute abhängig, wird sogar der "Gnadentod" erneut als eine Möglichkeit zur Endlösung sozialer Probleme diskutiert (s. Kap. 9). Angesichts dieser Tatsachen stellt die Aushöhlung moralischer Grundwerte ("Wertewandel") nach wie vor eine reale Bedrohung dar [86].

Von weitblickendem Gespür ist zu Beginn des 19. Jahrhunderts Hufelands Warnung vor der aktiven Euthanasie durch den Arzt (zit. nach [73]):

> Er soll und darf nichts anderes tun, als Leben erhalten; ob es Glück oder Unglück sei, ob es Wert habe oder nicht, dies geht ihn nichts an, und maßt er sich einmal an, diese Rücksicht mit in sein Geschäft aufzunehmen, so sind die Folgen unabsehbar, und der Arzt wird der gefährlichste Mensch im Staate; denn ist einmal die Linie überschritten, glaubt sich der Arzt einmal berechtigt, über die Notwendigkeit eines Lebens zu entscheiden, so braucht es nur stufenweiser Progressionen, um den Unwert und folglich die Unnötigkeit eines Menschenlebens auch auf andere Fälle anzuwenden.

3.8 Die Idee vom guten Arzt

Der Eindruck eines anonymen Medizinbetriebs, einer Medizin der Apparate und das Gefühl des Kranken, dem ausgeliefert zu sein, beherrscht durchweg das Meinungsbild der Öffentlichkeit. Aber dies muß keineswegs so sein. Es trifft ganz einfach nicht zu, daß Sachlichkeit und rationaler Ablauf ein menschenwürdiges Verhalten aus dem Krankenhaus verbannen müssen, wie der Internist F. Krück betont: "Wieviel hilft da bereits die zu Beginn freundlich gegebene Hand, ein warmes persönliches Wort, beide häufig schnell geeignet, die mögliche atmosphäre Kühle der Institution vergessen zu lassen. Gewiß, dies ist nicht allerortens die Regel, aber bestimmt viel häufiger verwirklicht, als es gemeinhin behauptet wird" [24].

In der Sprache des amerikanischem Pragmatismus heißt es sinngemäß bei Pellegrino [99]: Der tugendhafte Arzt handelt nicht aus unreflektierten, unkritischen Einsichten in das, was ihm gut dünkt. Seine Dispositionen sind vielmehr im Einklang mit jenem "rechten Vernunftgrund" bestimmt, den Hippokrates von Kos, Aristoteles wie auch Thomas von Aquin als grundlegend für die Tugend erachteten. Die Medizin selbst ist letztlich angewandte praktische Vernunft – eine rechte Weise des Handelns in schwieriger und ungewisser Lage zu einem spezifischen Zweck, d. h. zum Wohle des einzelnen, der krank ist. Gerade dann, wenn die Wahl einer rechten und guten Handlung schwieriger wird, wenn die Versuchungen des Eigennutzes immer dringlicher werden und unerwartete Nuancen von Gut und Böse auftauchen, treten die Unterschiede zwischen einer auf Tugend und einer auf Gesetz oder/und Pflicht gegründeten Ethik am klarsten zutage.

Geld und Geltung. Die Ärzte sehen sich im moralisch gelockerten Klima der heutigen Zeit einer wachsenden Zahl von Praktiken gegenüber, die Altruismus und Eigennutz einander entgegensetzen. Die meisten sind nicht illegal oder strenggenommen unmoralisch in einer auf Rechte und Pflichten gegründeten Ethik. Sie sind aber oft nicht mit dem höheren Niveau moralischer Sensibilität vereinbar, das eine *Tugendethik* erheischt. Diese Praktiken schließen gewöhnlich ein, daß man von der Krankheit anderer profitiert, daß der Begriff der Dienstleistung aus persönlicher Annehmlichkeit eingeengt, hinsichtlich des medizinischen Wissens eine Besitzhaltung eingenommen und die Loyalität zum Berufsstand über die zum Patienten gestellt wird.

Diese und viele andere Praktiken werden heute von durchaus lauteren Ärzten verteidigt und in dieser Ära der Konkurrenz, der Verrrechtlichung und individueller Maßlosigkeit sogar unterstützt. Einige lassen sich sogar in einer *Pflichtenethik* rational erklären. Es ist aber unmöglich, sich einen der Ethik verpflichteten Arzt vorzustellen, der diese Praktiken billigt. Eine auf tradierte ärztliche Verhaltensmuster gegründete Ethik ist nicht den Schwankungen der jeweils herrschenden gesellschaftlichen Moral ausgesetzt. Sie muß Wohlwollen, Hilfsbereitschaft und Verantwortung in einer Weise interpretieren, daß Eigennutz verringert und Altruismus vermehrt wird.

Es gibt keinen seiner Entdeckung harrenden neuen Tugendbegriff, der für die Dilemmata unserer eigenen dunklen Zeit besonders geeignet wäre. Das Idealbild des Arztes ist an sich elitär im besten Sinne, weil die, die ihm folgen, mehr von sich verlangen als die herrschende Moral. Sie erheischt jenes zusätzliche Quantum Hingabe, das zu allen Zeiten die besten Ärzte zu für den menschlichen Geist exemplarischen Leistungen anspornte. In welche Abgründe eine Gesellschaft auch stürzen mag, vortreffliche Menschen werden stets die Leitsterne sein, die den Weg zurück zu moralischer Sensibilität weisen; Ärzte können Leitsterne sein, die den Weg zurück zu moralischer Glaubwürdigkeit für den ganzen Berufsstand weisen. Sie waren und bleiben der Sauerteig des Berufs und die Hoffnung all derer, die krank sind. Sie bilden den Damm, der von starken Kräften der Kommerzialisierung, Bürokratisierung und Mechanisierung nicht unterminiert werden wird [99].

Abseits aller öffentlichen Kritik am Medizinbetrieb gibt es zahllose Personen der Pflegeberufe, die eine Möglichkeit suchen, ihre Kraft und Gesundheit in den Dienst an anderen einzubinden. Institutionen werden in Zukunft ihre Glaubwürdigkeit daran zu messen haben, inwieweit sie diesen freiwilligen Bindungen Raum geben, ohne ein Engagement moralisch erpressen, von oben bevormunden oder nach außen vermarkten zu wollen. Man denke dabei an die Hingabefähigkeit und Opferbereitschaft vieler in Medizinberufen, in der Altenhilfe, in den Selbsthilfegruppen und Behinderteninstitutionen tätigen Menschen. Wer diese Leistungen nicht persönlich erleben konnte, vermag nicht, sie angemessen einzuschätzen.

Des weiteren sei an philosophische Traditionen erinnert, die sich, wie der antike Kynismus des Diogenes oder Antisthenes, weniger der ideologisch oder systematisch fundierten Gelehrsamkeit, mehr aber der Bestärkung des Geistes durch kritisch gelebtes Leben, Kosmopolitismus, Ablehnung gesellschaftlicher Konventionen oder Selbstzufriedenheit verpflichtet fühlen; eine Lebenshaltung, die der Medizin auch aus dieser Perspektive die Idee vom "guten Arzt" vor Augen führt.

Medizinkonsum und Begehrlichkeit. In einem von dem Tübinger Philosophen O. Höffe publizierten Essay [94] wird die vom nutzenorientierten Wissen geweckte Begehrlichkeit trotz wachsender Ressourcenknappheit am Beispiel der Medizin näher ausgeführt und begründet:

In der materialistisch geprägten Lebensform der Moderne befriedigt nutzenorientiertes Wissen nicht bloß bestehende Bedürfnisse, sondern weckt und gestaltet neue Begehrlichkeiten. Am Ende bleibt trotz aller Verheißungen eine Kluft zwischen den Erwartungen und ihrer tatsächlichen Erfüllung; schon allein deswegen, weil diese Leistungsexplosion eine Kostenexplosion nach sich zieht, die die verfügbaren Ressourcen zu verschlingen droht. Beispiele dafür sind: die geforderte Verschreibung teurer, oft unwirksamer Medikamente; rechtlich zustehende, medizinisch nicht indizierte Kuren; Abforderung von nicht ausreichend begründeten Versicherungsleistungen; Forderung von umfangreichen Untersuchungen aus Medizingläubigkeit oder wegen banaler Befindlichkeitsstörungen; etc.

Zur Rationierung medizinischer Leistungen stellt der Jurist Laufs nüchtern fest: "Das Problem systematischer Rationierung ist ein Problem der Rechtsgemeinschaft, nicht der Ärzte" [251]. Vor aller Rationierung wird es aber den Ärzten obliegen, über "geboten" oder "nicht geboten" – was immer das heißen mag – zu entscheiden. (Zur Allokationsproblematik im Kontext beschränkter finanzieller Ressourcen s. [341].)

Die traditionelle Antwort auf die *Pleonexie* (Unersättlichkeit, Immer-mehr-Wollen) heißt *Sophrosyne* (Besonnenheit und Maß). Besonnenheit ist eine moralische Grundhaltung (Tugend), die weit tiefer als alle Rationalisierungs- und Rationierungsvorhaben ansetzt. Sie bekämpft die Ressourcenknappheit am wahren Ursprung, nämlich bei den ausufernden Antriebskräften. Was Aristoteles sowohl bei der Menge als auch bei den Mächtigen kritisiert, trifft auf den Besonnenen nicht zu: Er ist kein Sklave seiner Bedürfnisse, sondern im Gegenteil ihr Herr. Wer besonnen ist, hat in der Regel so wenige und so bescheidene Bedürfnisse, daß es ihm an entsprechenden Ressourcen nicht fehlt. Er teilt die Erfahrung des Sokrates: Für ein Leben, auf das es dem Menschen eigentlich ankommt, für eine gute und gelungene, eine sinnerfüllte Existenz, erweist sich vieles von dem, was die Menge sucht, als überflüssig.

Die Moderne nimmt nicht bloß beim Wissenschaftsideal, sondern ebenso beim Lebensideal eine radikale Umwertung der Werte ("Wertewandel") vor. Während man vorher die ausufernden Antriebskräfte als Leidenschaften ansah, oft sogar als Laster, gelten sie jetzt als "Interessen" – ein sicheres Kennzeichen schlechter Sitten. In Verbänden zu Lobbys organisiert treten sie sogar als schlagkräftig organisierte Begehrlichkeit auf [94].

Der Humanethnologe Eibl-Eibesfeldt macht auf drei uns angeborene Verhaltensweisen aufmerksam, die wir der ausbeuterischen Grundhaltung, dem Wettlauf im Jetzt und dem Machtstreben entgegensetzen können: unsere Naturliebe, unser starkes fürsorgliches Engagement für Kinder und unser auf der universalen Regel der Reziprokität beruhendes Gefühl für Verpflichtung. Über eine solche affektive Ankoppelung sollte es gelingen, nicht nur ein Engagement für unsere Kinder und Enkel, sondern auch danach folgender Generationen zu entwickeln. Dazu mag schließlich das verpflichtende Bewußtsein beitragen, daß wir den ungezählten Generationen unserer Vorfahren das kulturelle Erbe verdanken, auf dem wir weiter aufbauen, ein Bewußtsein, das uns eine moralische Verpflichtung auferlegt, so zu handeln, daß auch künftige Generationen Lebensglück erfahren [22]. (Über die Unzertrennlichkeit von Gutsein und Glück s. [3, 8], über das Lustprinzip im Zusammenwirken mit moralischen Handlungen s. [239].)

Und schließlich gelten Gesinnungen und Gesittungen philosophisch als sog. irreduzible Größen, d. h. sie sind nicht weiter begründbar. Einstein sagt dazu: "If some one asks – to what purpose should we help one another, make life easier for each other, make beautiful music or have inspired thoughts? – He would have to be told: if you don't feel it, no one can explain it to you."

Weitere Ausführungen zur Medizinethik in diesem Buch finden sich unter 6.10 (Diagnostik und Therapie), 7.4 (Lebensqualität), 10.5 (Organentnahme) sowie in Kap. 8.3 (Sterbebegleitung), 9.2 (aktive Sterbehilfe). Zu den Grundlagen der Ethik s. [73, 191].

4 Ärztliche Ethik und Tierversuche

Die biologische und kulturelle Evolution wie auch die vom
Menschen hervorgebrachten ethischen Normen machen ihn
unbestreitbar zu einem dem Tier überlegenen Geschöpf.
Doch er bewährt sich als solches nur dann, wenn er auch
begreift, daß er als einziges irdisches Wesen mit Erkenntnisfähigkeit die Voraussetzungen für ethisches Werten und
moralisches Handeln gegenüber dem Menschen, dem Tier
und der Natur im Ganzen erworben hat. In diesem Sinne
prüft sich ärztliche Ethik an ihrer Haltung zu Tier und Natur [70].

4.1 Mensch-Tier-Beziehung in der religiösen und philosophischen Überlieferung

Die metaphysisch begründete Mensch-Tier-Beziehung ist,
wie allgemein bekannt, im lamaistischen Buddhismus auf
eine andere Weise verankert als bei Moslems, Juden oder in
afrikanischen Kulturen.

Christliche Tierschutzethik hat ihre Wurzeln
im Alten Testament und ist eine Ethik der Verantwortung
des Menschen gegenüber Gott. Nach jüdisch-christlicher
Überlieferung ist die Gottesebenbildlichkeit des Menschen
eng verbunden mit dem Herrschaftsauftrag des Menschen

innerhalb der Schöpfung. Dieser Auftrag wird im Alten Testament zweimal ausgesprochen, und es ist bezeichnend, daß wir meist nur an den einen halten, nämlich uns die Erde untertan zu machen (1. Mose 1, 28), aber den anderen offenbar lange vergessen haben, nämlich sie zu bebauen und zu behüten (1. Mose 2, 15)

Aus einer anthropozentrischen Theologie bei Thomas von Aquin entsteht dann in Verbindung mit dem römischen Recht die im wesentlichen auch heute noch unangefochtene kirchliche Lehre: Da das Tier keine unsterbliche Seele hat, kann es nicht Person sein, und da es nicht Person ist, kann es nicht Träger von Rechts- und Liebespflichten sein [70].

Aber in Übereinstimmung mit Thomas von Aquin lehrt Kant in § 17 der *Metaphysik der Sitten* von 1797, daß eine gewaltsame und grausame Behandlung von Tieren strikt verboten sei, "weil dadurch das Mitgefühl an ihrem Leiden im Menschen abgestumpft und dadurch eine der Moralität im Verhältnis zu anderen Menschen sehr diensame natürliche Anlage geschwächt und nach und nach ausgetilgt wird". Die Mitleidspflicht gegenüber Tieren ist danach also, recht verstanden, eine Pflicht des Menschen gegen sich selbst.

Im Gegensatz dazu steht die "Ethik der Brüderlichkeit" in der Tradition des heiligen Franz von Assisi, der der leidensfähigen Kreatur seine besondere Fürsorge zugewandt hat.

Die Ethik Albert Schweitzers übernimmt die Unbegrenztheit der franziskanischen Liebe zu *allen* Geschöpfen, wenn er sagt:

Die Ethik der Ehrfurcht vor dem Leben erkennt keine relative Ethik an. Als gut läßt sie *nur* Erhaltung und Förderung von Leben gelten. Alles Vernichten und Schädigen von Leben, unter welchen Umständen es auch erfolgen mag, bezeichnet sie als böse. Im Grundsatz gibt es keinen Kompromiß zwischen Ethik und Notwendigkeit. Sie tut die Konflikte nicht für ihn ab, sondern zwingt ihn, sich in jedem Falle selber zu entscheiden, inwieweit er ethisch bleiben kann und inwieweit er sich der Notwendigkeit von Vernichtung und Schädigung von Leben unterwerfen und damit Schuld auf sich nehmen muß.

Kant wiederum behauptet (sein Leitfaden ist das 1. Buch Moses, Kap. 2–4):

Dann betrachtet der Mensch sich selbst als Zweck der Natur, und alles andere, was nicht Vernunftwesen ist, als Mittel. Das erste Mal, daß er zum Schafe sagte: den Pelz, den Du trägst, hat die Natur nicht für dich, sondern für mich gegeben, ihn ihm abzog und sich selbst anlegte, ward er des Vorrechts inne, welches er über alle Tiere hatte.

Dieser Standpunkt ist typisch für die Aufklärung des 17. Jahrhunderts.

In seiner Schrift "Über die Grundlage der Moral, speziell Begründung der Ethik" bezieht Schopenhauer einen der heutigen ethischen Norm angenäherten Standort, wenn er sagt:

Denn grenzenloses Mitleid mit allen lebenden Wesen ist der festeste und sicherste Bürge für das sittliche Wohlverhalten. Wer davon erfüllt ist, wird zuverlässig keinen verletzen, keinen beeinträchtigen, keinem wehetun, vielmehr mit jedem Nachsicht haben, jedem verzeihen, jedem helfen, soviel er mag, und alle seine Handlungen werden das Gepräge der Gerechtigkeit und Menschenliebe tragen.

Diese moralische Triebfeder bewährt sich ferner dadurch, daß sie auch die Tiere in ihren Schutz nimmt, für die in den europäischen Moralsystemen unverantwortlich schlecht gesorgt ist. Die vermeinte Rechtlosigkeit der Tiere, der Wahn, daß unser Handeln gegen sie ohne jede moralische Begründung sei, oder, wie es in der Sprache jener Moral heißt, daß es gegen Tiere keine Pflichten gäbe, ist geradezu eine empörende Roheit und Barbarei . – In der Philosophie beruht sie auf der aller Evidenz zum Trotz angenommenen gänzlichen Verschiedenheit zwischen Mensch und Tier, welche bekanntlich am entschiedensten und grellsten von Descartes ausgesprochen wird. Dagegen befindet Schopenhauer: "Man muß wahrlich an allen Sinnen blind sein, um nicht zu erkennen, daß das Wesentliche und Hauptsächliche im Tiere *und* im Menschen dasselbe ist, und das, was beide unterscheidet, im Intellekt, im Grad der Erkenntniskraft liegt, welcher beim Menschen durch das hinzugekommene Vermögen abstrakter Erkenntnis, genannt Vernunft, ein ungleich höherer ist" [80].

Die Denkschrift der Deutschen Forschungsgemeinschaft macht übrigens neben der ethisch begründbaren Mensch-Tier-Beziehung noch auf soziopsychologische Beziehungen aufmerksam. Sie unterscheidet diesbezüglich zwischen *kollektiven* und *individuellen* Mensch-Tier-Beziehungen; aus ersteren resultieren beim Menschen Verhaltensformen, wie sie in der Tierschutzgesetzgebung als Mindestforderung ausgedrückt sind. Individuelle Mensch-Tier-Beziehungen bedingen beim Menschen aufgrund der gerichteten "Du-Evidenz" den ausgewählten Tierindividuen gegenüber Verhaltensformen, die eher der sittlichen Forderung nach Mitgeschöpflichkeit entsprechen [81].

Aber auch dieser franziskanisch gestimmte Begriff der "Du-Evidenz" entbehrt nicht der Ambivalenz zwischen Tier und Mensch. Goethe hat in seinen *Venezianischen Epigrammen* ein Distichon geschrieben, das weder den Menschen noch den Hunden gut gesonnen ist:

Wundern kann es mich nicht, daß Menschen die Hunde so lieben, denn ein erbärmlicher Schuft ist, wie der Mensch, so der Hund.

Hebbel, der bereits in seiner Knabenzeit einen Hund zum Spielgefährten hatte und ihm ein rührendes Gedicht gewidmet hat, sagt das Gegenteil über den Hund:

Wundern muß ich mich sehr, daß Hunde die Menschen so lieben, denn ein erbärmlicher Schuft gegen den Hund ist der Mensch.

Und Schopenhauer, der den Hundefreunden am meisten aus dem Herzen spricht, variierte den Spruch ein drittes Mal, und in dieser Gestalt mag er hier gelten:

Wundern darf es mich nicht, daß Menschen die Hunde so lieben, denn es beschämet zu oft leider den Menschen der Hund (zit. in [82]).

Das vermeintliche oder auch reale Defizit auf dem Gebiet des Tierschutzes wird von immer weiteren Kreisen der Bevölkerung, vor allem auch von großen Teilen der Jugend, als unbefriedigend empfunden. Dies hängt mit einem unverkennbaren Anwachsen der Sensibilität der

Menschen für den Tierschutzgedanken zusammen. Die Öffentlichkeit zeigt sich namentlich darüber beunruhigt, ja empört, welches Maß an Leiden und Schäden fortgesetzt Millionen hochentwickelter Tiere aus Konsum- und Vermarktungsinteresse zugefügt wird. Die seit Jahren immer mehr bekanntgewordenen Verhältnisse, unter denen die Tiere leiden müssen, haben – nicht zuletzt durch die oft einseitige Darstellung in den Medien – bei vielen Menschen zu einem zunehmenden Vertrauensschwund gegenüber gesellschaftlichen und medizinisch-wissenschaftlichen Institutionen geführt.

Eine uneingeschränkte Verfügbarkeit von Tieren nicht allein für wissenschaftliche, sondern auch für beliebige wirtschaftliche Zwecke (z. B. in der kosmetischen Industrie) wird als Ausdruck eines mangelnden Verantwortungsgefühls des Menschen für die ihn umgebende Tierwelt sowie als Versagen der geltenden Rechtsordnungen und staatlicher Institutionen empfunden. Dieser Verfügbarkeit hat der deutsche Staat mit der Novellierung des Tierschutzgesetzes Grenzen gesetzt. Die Europäische Kommission hat in Vorbereitung entsprechender Gesetze Verbotsfristen für die Kosmetikindustrie festgelegt (zuerst ab 01.01.2000, dann verschoben auf den 01.01.2003).

Die jüngst geforderte Aufnahme des Tierschutzes in das Grundgesetz ist heftig umstritten. In Artikel 20a, der den Schutz der natürlichen Lebensgrundlagen zum Inhalt hat, soll es künftig heißen: "Tiere werden im Rahmen der geltenden Gesetze vor vermeidbaren Leiden und Schäden geschützt". Dagegen läßt sich einwenden, daß der Schutz der Tiere in der medizinischen Forschung durch das novellierte Tierschutzgesetz weitgehend abgedeckt ist; außerdem müßte die notwenige Vernichtung von

Schädlingen (z. B. Ratten, Schnecken, Läuse, Flöhe) nach einer Änderung des Grundgesetzes durch wiederum neue, ausschließende Gesetze geregelt werden.

Ein allgemeines Anliegen ist eine Verbesserung von Schlachtviehtransporten, von Stalleinrichtungen, eine Überprüfung von Betäubungsanlagen, der Haltung von Legehennen und Mastgeflügel und der Zucht von Pelztieren auf europäischer Ebene.

Der Forderung des Tierschutzes nach Änderung des Grundgesetzes ist von seiten der Forschung entgegenzuhalten, daß wissenschaftliche Forschung an und mit Tieren, die mangels alternativer Methoden auf Tierversuche angewiesen ist und die im Rahmen geltenden Rechts nach bestem Wissen und Gewissen durchgeführt werden, nicht nur ethisch vertretbar, sondern sogar ethisch und verfassungsrechtlich geboten ist, wenn sie mit dem Ziel durchgeführt werden, menschliches Leiden zu verhindern [344].

Auf der anderen Seite findet die öffentliche Forderung nach medizinischen Fortschritten mit dem Ziel, die Leiden und den durch Krankheit bedingten vorzeitigen Tod zu verhindern, ihren Ausdruck in der Bereitstellung großer Summen öffentlicher und privater Gelder zur Finanzierung medizinischer Forschung (z. B. auch im Rahmen der Erfüllung des Arzneimittelgesetzes). Dieser gesellschaftliche Druck in Richtung auf eine voranschreitende medizinische Forschung sollte logischerweise die Billigung der in der medizinischen Forschung verwendeten Methoden, auch des Gebrauchs von Versuchstieren, einschließen. Sicher kann niemand den großen medizinischen Nutzen leugnen, der sich aus dem Gebrauch von Versuchstieren in der Forschung ergeben hat und mutmaßlich in absehbarer Zeit ergeben wird s.S. 105.

Auf medizinischem Gebiet bedeutet das nach Lage der Dinge und nach dem Stande unseres Vermögens in vielen Fällen den *Zwang* zum Tierversuch, in etlichen sogar die *Verpflichtung* dazu. Es hat keinen Sinn die Augen davor zu verschließen. Der Experimentator sollte nicht dafür getadelt werden, daß er in voller Verantwortung und im Rahmen der gesetzlichen Bestimmungen Handlungen unternimmt, deren Nutzen, wenn wir nur an Arzneimittel und Impfstoffe denken, auch seine Kritiker für sich in Anspruch nehmen [69].

Jedem Einsichtigen ist die Ambivalenz, ja der Konflikt bewußt, daß der Mensch bei der ihm gebotenen Lösung seiner Probleme auf wissenschaftliche Untersuchungen an Tieren nicht verzichten kann, während ihm andererseits der ethische Grundsatz der Ehrfurcht vor dem Leben den Schutz der Tiere gebietet.

4.2 Tierschutzgesetz

Das Tierschutzgesetz enthält in seiner Fassung vom 17.02. 1993 in § 9.2 die Vorschrift: "Die Versuche sind auf das unerläßliche Maß zu beschränken". Der Gesetzgeber wollte mit der geforderten Beschränkung auf dieses "unerläßliche Maß" deutlich machen, daß auch die Berufung auf so hochrangige Normen und Werte, wie die ärztliche Ethik in bezug auf Gesundheit und Leben des Menschen, keine generelle Vollmacht gibt, Tieren Schmerzen, Leiden oder Schäden zuzufügen, sondern immer geprüft werden muß, ob ein Versuch wirklich unerläßlich ist, d. h., ob wirklich ein triftiger Grund vorliegt, der keinen anderen Ausweg mehr offenläßt. Mit Recht wird gefordert, daß Kriterien gefunden werden müssen, die es erlauben, das unerläßliche Maß zu präzisieren [70].

Wir alle haben es erlebt, mit welcher emotionalen Heftigkeit und mit welchem erschreckenden Mangel an sachlichen Argumenten und kritischer Distanz die Auseinandersetzungen um den Tierschutz trotz aller Diskussionsbereitschaft der Wissenschaftler geführt worden sind und noch geführt werden.

Die doppelte Moral so mancher Tierschützer wird spätestens dann manifest, wenn sie selbst ernsthaft erkranken und dann auch jene Behandlungsmethoden der modernen Medizin akzeptieren oder sogar beanspruchen, deren Wirksamkeit auf der Erprobung im Tierversuch basiert.

4.3 Aufklärung der Öffentlichkeit

Die Aufklärung der Öffentlichkeit durch permanente und verständliche Darstellung wissenschaftlicher Erkenntnis und nicht zuletzt die Offenlegung des Versuchstierbedarfs seitens der pharmazeutischen Industrie haben in zunehmendem Maße die Basis für eine *rationale* Auseinandersetzung über die Bedeutung von Tierversuchen für die Gesundheit von Mensch und Tier geschaffen. Die Enttabuisierung der Versuchstierproblematik war gleichzeitig der Anstoß für eine innere Selbstkontrolle der Wissenschaft, die dazu beigetragen hat, die Verantwortung des Forschers gegenüber den Mitlebewesen verstärkt ins Bewußtsein zu rufen. Verschiedene international führende Gesellschaften (z. B. die Deutsche Forschungsgemeinschaft, die Schweizerische Akademie der Wissenschaften, die Deutsche Physiologische Gesellschaft und andere) haben ethische Grundsätze und Richtlinien für wissenschaftliche Tierversuche formuliert. Danach soll sichergestellt werden, daß erst nach Anlegen strengster Kriterien der Vermeidbarkeit und unter Heranziehung fachkundiger Kommissionen getan wird, was notwendig bleibt zu tun, vor allem um menschlichem Leben den Schutz nicht zu versagen [69].

So gut wie alle an Tierexperimenten beteiligten Institutionen sind sich wie nie zuvor darüber einig, daß eine Einschränkung der Versuche notwendig und auch möglich ist. Diese Einsicht wäre ohne die beharrliche und tatkräftige Arbeit der Tierschutzverbände nicht so bald erreicht worden. Das Verdienst der für den Tierschutz eintretenden Bürger wird auch dadurch nicht geschmälert, daß da und dort fanatisches Engagement an die Stelle von Sachkenntnis trat. Wie erfolgreich öffentliche Dissensprozesse sein können, erweisen beispielsweise die seit 1989 deutlich rückläufigen Tierversuchszahlen (von 2,5 auf 1,6 Millionen) [25]. Bei der Suche nach Ersatzmethoden sollte die Priorität bei jenen Versuchen liegen, die für das Tier mit Schmerzen und Leiden verbunden sind [71].

4.4 Ersatz- oder Alternativmethoden

Dazu gehören:

- Untersuchungen an isolierten tierischen Organen (sie setzen allerdings die schmerzfreie Tötung zur Organgewinnung voraus, wie dies § 6.4 des geltenden Tierschutzgesetzes zuläßt);
- Untersuchungen an Geweben, Zellen, Zellfraktionen, Pflanzen;
- Untersuchungen an niederen Organismen;

- Untersuchungen an nichtbiologischen Materialien;
- Simultanrechnungen;
- Videoregistrierung zu Unterrichtszwecken (audiovisuelle Verfahren).

Aktuelle Forschung in Verbindung mit Tierversuchen

- Organtransplantationen (z. B. Knochenmark, Leber, Pankreas, Knorpel, Xenotransplantation)
- Arzneimittelbedingte Toxizität (z. B. Kanzerogenität, Organtoxizität, Pharmakodynamik, -kinetik)
- Aufdeckung mutagener Noxen (z. B. Chemikalien, Pharmaka, Strahlenschäden, RNA-Tumorviren)
- Vorbereitung von Großversuchen zur Infektionsbekämpfung (z. B. Malaria, Schistosomiasis, HIV)
- Erprobung biomedizinischer Techniken (z. B. Insulinpumpen, künstliche Gelenke, künstliches Herz, Anwendungen der Lasertechnik, histokompatible Kunststoffe)
- Modellkrankheiten (z. B. erbliche Kardiomyopathie des Goldhamsters, erbliche Hypertonie der Ratte)
- Pathogenese (z. B. Virologie, Immunopathien; Arteriosklerose)
- Entwicklung neuer Operationsmethoden (z. B. Angioplastie, Lungentransplantation, Gelenkersatz, Operationsroboter)
- Grundlagenforschung (z. B. Immunologie, Regulation, Verhalten, Gentechnologie)

In den Thesen der Max-Planck-Gesellschaft zum Tierschutzrecht heißt es u. a.: "Auch wir stehen dem wissenschaftlich-technischen Fortschritt mit Kritik und manchmal mit Skepsis gegenüber. Entgegen den Argumenten der antiwissenschaftlichen Agitation sind wir jedoch der Überzeugung, daß den heutigen Gefahren der wissenschaftlich-technischen Entwicklung ohne wissenschaftliche Forschung nicht begegnet werden kann" [72].

Letzten Endes liegt es in der Hand des Forschers selbst, den wissenschaftlichen Wert von Tierexperimenten und den Modus ihrer Durchführung über die gesetzlichen Bestimmungen hinaus *sorgfältig* zu prüfen und eine Beschränkung von Versuchen vorzunehmen, wo immer dies wissenschaftlich vertretbar ist. Wie bereits wiederholt gesagt: Wissenschaftliche Freiheit kann sich nur im Rahmen sittlicher Wertvorstellungen verwirklichen.

5 Fortschrittsgläubigkeit, Wissenschaftsfeindlichkeit und die neue Romantik

Genügend bekannt sind die ambivalenten Folgezustände, die aus der Verkettung von Naturwissenschaft, Technik, Kommerz, Konsumismus, Profit hervorgehen und sich gegenseitig bedingen. Sie werden unter dem Begriff "instrumentelle Vernunft" subsumiert. Auch die Medizin ist von diesen z. T. unheilvollen Verknüpfungen erfaßt, geprägt und Gegenstand kontroverser Aspekte in Hinsicht auf ihre geistige Position. Mit der einseitigen Überbewertung ihrer technischen Mittel, der eigentümlichen Mentalität ihres erstarrten zweckrationalistischen Medizinbetriebes und dem schwach entwickelten Bedürfnis nach Verstehen und Verstandenwerden erregt die moderne Medizin allenthalben Unbehagen und sieht sich – trotz aller vorzeigbaren Heilerfolge- einem wachsenden Mißtrauen, da und dort sogar einem Vertrauensschwund ausgesetzt.

Fruchtbar sind wiederum andere Ansätze, wo sich Teilgebiete der Medizin beispielsweise mit der primären Prävention, mit Fragen des Bevölkerungswachstums und Geburtenkontrolle, mit den Folgen der toxischen Umweltbelastung, mit der Seuchenhygiene öffentlich, fachkundig und beratend mit der Gesellschaft auseinandersetzen und in diesem Diskurs Gutes bewirken.

Ohne Zweifel haben die Entwicklung der Kriegstechnik und die Umweltzerstörung den ungebrochenen Fortschrittsglauben des Industriezeitalters relativiert und die Ambivalenz des Fortschritts radikal enthüllt [11]. Und keineswegs manifestiert sich im Streit um Tierversuche (s. Kap. 4), um die Berechtigung der aktiven Euthanasie (s. Kap. 9) oder der Gentechnologie (s. Kap. 3) die Meinung einer mehr oder weniger isolierten Gruppe von Gesinnungsfanatikern; vielmehr scheint es sich dabei um eine viel weiter verbreitete Grundströmung einer allgemeinen Wissenschaftsfeindlichkeit zu handeln. Angesprochene Ursache ist die Dominanz der Naturwissenschaften in unserem Zeitalter mit allen eingangs schon erwähnten Folgezuständen und -störungen.

5.1 Die Vorherrschaft von Naturwissenschaft und Technik

Die Auswirkungen der instrumentellen Vernunft sind selbstredend nicht neu, und schon vor fast 20 Jahren hat C.F. von Weizsäcker [11] die geistige Situation unserer Zeit treffend charakterisiert:

Physik und Chemie haben die neuere Technik möglich gemacht, naturwissenschaftliche Medizin die Lebensverlängerung. Der Mensch ist Herr der Erde geworden. Die durch die Wissenschaft ermöglichte moderne Kultur ist eine Wissens- und Verstandeskultur. Der Mensch dieser Kultur ist zuversichtlich, selbstbewußt und gegenüber älteren Kulturen, die noch nicht konnten, was er kann, im Grunde verachtend. Er lebt in einer Traumwelt, in der er selbst außerhalb der Gesetze zu stehen scheint, die er erforscht. Die demütigende Selbsterkenntnis hat ihn noch nicht erreicht.

Dieser Optimismus der Willens- und Verstandeswelt braucht Gott nicht: Er braucht, nach einem berühmten Diktum von Laplace, die Hypothese Gott nicht in der Naturerklärung; die Wertfreiheit der Wissenschaft wehrt solche metaphysischen Regressionen ab. Er erkennt Gott als symbolischen Repräsentanten derjenigen Sozialsysteme, die den Menschen unmündig hielten, um ihn beherrschen zu können.

"Das Unbehagen an der Moderne" gründet nach Taylor [262] auf der Vorherrschaft der instrumentellen Vernunft und damit verknüpft auf zwei weiteren modernen Phänomenen: dem Individualismus der desengagierten Rationalität und auf dem Verlust der politischen Kontrolle über unser Geschick (mit Hinweis auf Tocqueville). Gemeint ist mit beidem eine fragmentierte Gesellschaft, deren Angehörigen es immer schwerer fällt, sich mit ihrer politischen Gesellschaft zu identifizieren.

5.2 Die Ambivalenz des Fortschritts

Sie tritt unseren Tagen immer globaler in Erscheinung. C.F. von Weizsäcker [11] formuliert das sinngemäß so: Dem Psychologen enthüllt sich eine Ambivalenz der Wünsche: Wollen wir denn das, was wir zu wollen glauben?

Die Ideologiekritik enthüllt die Ambivalenz wenigstens beim jeweiligen Gegner:

- Sie sagen Freiheit und meinen Erdöl,
- sie sagen Sozialismus und meinen ihre Herrschaft.

Tiefer dringt noch die Selbstkritik der Folgen guter Absichten:

- Wir wollten Wohlstand für uns selbst, gewiß aber doch für alle, und wir erzeugen die Zerstörung der Kulturlandschaft.
- Hygiene und Medizin wollten Leben retten und erzeugen die Bevölkerungsexplosion.

In der Physik hat die Forschergeneration in erschütternder Weise die Ambivalenz der Wahrheitssuche erlebt:

- Wir suchten die Gesetze der Atomkerne und fanden die Bombe.

Die Verknüpfung von Wissenschaft und Technik produziert den zivilisatorischen Fortschritt; gemeint ist die tatsächliche Verbesserung unserer Lebensumstände, die Verhinderung von Krankheiten und Krieg, die Verlängerung des durchschnittlichen Lebensalters in den letzten hundert Jahren. Das unkritische Vertrauen in den Fortschritt als Fortschrittsgläubigkeit entsteht vor dem Hintergrund einer Wissenschaftsbegeisterung, die, gleichfalls zur Ideologie verkommen, die Ambivalenz und die Grenzen unserer Erkenntnismöglichkeiten verkennt. Unübersehbar sind die ernüchternden Folgestörungen dieser gefühlsbetonten Auffassung, die Wissenschaftler wie Laien da und dort befällt. Ebenso überwertig und reaktiv-emotional tritt das Gewahrwerden dieser Ambivalenz mit Angst und Abwehr in Erscheinung.

5.3 Wissenschaftsfeindlichkeit

Der Verdacht liegt deshalb nahe, daß die Wissenschaftsfeindlichkeit unserer Tage Ausdruck einer romantischen Fluchtbewegung ist, in deren Verlauf nicht nur die Probleme einer als intellektuell nicht mehr erfaßbar empfundenen Realität, sondern eben auch die geistige Auseinandersetzung um den Inhalt bewußt gelebten und bewerteten Lebens hinter dem Horizont verschwinden.

Die Lektüre von Ricarda Huchs umfassender und scharfsichtiger Darstellung der deutschen Romantik des 19. Jahrhunderts läßt manches Stimmungsbild unserer Gegenwart anklingen und seine Beweggründe erhellen:

Unbefriedigt von der Wissenschaft des Tages zog Ludwig Tieck sich in seine Waldeinsamkeit zurück mit dem alten Jakob Böhme, dessen verhüllte Mystik ihm verständlicher war, als die unbiegsame Logik der Philosophen. Der bestrickende Zauber, den diese geheimnisvolle Verkündigung auf den Romantiker ausübte, lag ohne Zweifel darin: daß hier keine unversöhnliche Entgegensetzung von Geist und Natur war oder Ausschließung des einen, sondern daß nichts war außer der einen Natur. [345]

Oder anders gesagt: Alles durchdringt eine Stimmung, in der das Sehnen nach verlorener Unschuld mit dem Wunsch verschmilzt, aus den herben Enttäuschungen der wirklichen Welt in die Sicherheit einer schlichteren Vergangenheit zu entfliehen [74].

5.4 Die Sehnsucht nach dem Mythos

Mit dem Titel " Die Aufklärung entläßt ihre Kinder" überschreibt F.J. Raddatz seine Gedanken über den Mythos als neuen Wert: Das Unbegreifbare feiert seine Wiederkehr. Die Welt nicht mehr als erklärbar, machbar, gar veränderbar – die Welt vielmehr als ein in Urgründen verankertes Rätsel, verschlossen, magisch, unaufschiebbar. Austreibung der Vernunft, Verwerfung von Hoffnung, Selbstversenkung, das

Geheimnis als Fluchtpunkt, der moderne Wunsch, ins Archaische des Mythos zu regredieren [75].

Im gleichen Sinne aus dem Munde von Thomas Nipperdey: Die Wissenschaft hat sich in Wissenschaften spezialisiert, das Ganze der Welt und des Lebens kommt in ihnen nicht mehr vor; sie entmächtigen nicht nur die Tradition und die Religion, sondern relativieren Werte und Ziele der Vernunft, das woran man sich halten kann. Der Intellektualismus der Moderne steht im Kreuzfeuer der Kritik, der Pluralismus der Dissense zerstört Kultur und Einheit. Darum die Sehnsucht nach dem Mythos und die reflexive Volte der Intellektuellen, man könne postintellektuelle Mythen begründen. Kurz: Die Krise des liberalen Systems der Rationalitätskultur hat das neue Interesse für den Mythos, ja den Mythosbedarf und die Mythosproduktion erzeugt [23].

Hans Jonas hält dagegen: Es gibt kein Zurück in den göttlichen Gewahrsam von Mythos, Magie und Ritual, in jene Geborgenheit einer unzugänglichen Burg. Vielmehr entspringt die Forderung nach einer neuen Verantwortung dem Bewußtsein, daß der Mensch *tun* kann [77]. In seiner Vernunftethik fordert der Philosoph die *Bereitschaft zum Verzicht* als eine kritische Tugend in der Werteskala der Zukunft [76].

6 Die forschende und die praktizierende Medizin

Die oft gestellte Frage, ob die Medizin eine Wissenschaft sei, wird leichter beantwortbar, wenn man zwischen forschender und praktizierender Medizin unterscheidet. In der Tat findet man den in der Krankenversorgung tätigen Arzt gewöhnlich meist nicht gleichzeitig mit Grundlagenforschung beschäftigt, wenn man die Epidemiologie und die statistische Sammlung empirisch und hypothesenfrei gewonnener Daten wie auch von Kasuistiken nicht dazu zählt. One man, one profession! Die Ansprüche an die Qualifikation verbieten schon aus individuellen Kapazitätsgründen eine ausgewiesene doppelte Ausübung.

In den medizinischen Wissenschaften läßt sich die "Krise der Forschung" [178] mindestens aus drei Quellen verstehen: aus Mängeln in der wissenschaftlichen Nachwuchsförderung, aus Mängeln in der ärztlichen Ausbildung und aus der Reduktion von Bildung und Wissenschaft auf bloßen Nutzen. Die Verengung der Persönlichkeit auf das Nützliche ist inhuman; die Reduzierung der Universität auf das Ökonomische zerstört ihren Charakter [348].

6.1 Nachwuchsförderung

Für den jungen Forscher bieten sich in der Regel in nationalen und internationalen Instituten hervorragende aktuelle Arbeitsverhältnisse. Bei ausgewiesener Thematik und methodischem Ausbildungsstandard kann er auf öffentliche Förderung rechnen (z. B. durch die Deutsche Forschungsgemeinschaft; Etat 1997: 1,2 Mrd. DM für die allgemeine Forschungsförderung und 0,5 Mrd. DM für die Sonderforschungsbereiche). Der Nachteil längerer "theoretischer" Ausbildungszeiten wird durch den unschätzbaren Vorteil aufgewogen, in der naturwissenschaftlichen Denkweise und ihrer nützlichen Anwendung am Krankenbett zwar nicht primär als Arzt, aber doch als kritischer Diagnostiker und Therapeut eingeübt zu sein.

An die Klinik zurückgekehrt, wird er auf Dauer ein nur ungenügendes Betätigungsfeld für seine wissenschaftlichen Ambitionen vorfinden und oft keine aussichtsreiche Zukunftsperspektive erkennen können. In vielen Fällen gibt die Binnenstruktur der Kliniken mangels Fragekultur nur ein geringes Interesse an klinisch relevanter Grundlagenforschung ab. Meist fehlt es an produktiven Kontakten zu thematisch benachbarten Instituten, Sonderforschungsbereichen oder Forschergruppen, dann auch an der erforderlichen Laborausstattung, und überdies ist der Alltag geprägt von überlastenden Routinepflichten. Was sich da noch an "Forschung", oft nur noch als "Feierabendforschung" [350], auftut, sucht sich im besten Falle in Multicenterstudien zu integrieren oder lehnt sich in mehr oder weniger enger Bindung an die Pharmaindustrie bzw. an industriell erbrächte biotechnische Anwendungen an (z. B. Herzschrittmacher, endoskopische Techniken, Ultraschall etc). Nur zu oft bieten die jährlichen Kongresse (weit weniger die themenbezogenen Symposien) das Bild vom kruden Empirismus und einer peinlichen Armut an Originalität (Mangel an Hypothesen). Was die geistige Evolution so in sich haben sollte, nämlich den Wandel durch den Schwung der Geister, tritt hier kümmerlich zutage.

Man könnte dieses Buch auch als Systemanalyse des Medizinbetriebs lesen: die autopoietischen Kräfte der Abgrenzung gegenüber der Umwelt (d. h. benachbarten Systemen) und ihre Tendenzen der Selbsterhaltung.

Beispielsweise sind manche wissenschaftlichen Fragestellungen schon so angelegt, daß ihre Ergebnisse bereits vorhersagbar sind (selffulling prophecy). Nicht selten entziehen sich Untersuchungsansätze der Forderung nach allgemeiner Bedeutung, Nutzen oder Zuträglichkeit. Die Produktion von "endlosen Richtigkeiten" (Jaspers) verschlingt Kräfte und Ressourcen und ist nicht selten motiviert durch Vorteilsnahme im Dienste fremder Interessen (z. B. der Industrie).

Im Jahresbericht 1997 des Präsidenten der Deutschen Forschungsgemeinschaft, E.L. Winnacker, werden die Mängel der Binnenstruktur an deutschen Hochschulen unverblümt ausgesprochen:

Wenn derzeit die Berufbarkeit auf eine Professorenstelle in der Regel nicht vor dem 40. Lebensjahr erreicht ist, dann kann es mit dem gegenwärtigen System nicht zum besten stehen. Symbolisch dafür steht das Instrument der Habilitation. Solange sie allein die qualitativen Voraussetzungen für die Berufbarkeit zum Hochschullehrer festlegt, ist dagegen nichts einzuwenden. Leider aber wird die Habilitation durch fakultätsinterne Zulassungsregeln erschwert, die sich längst nicht mehr allein an Kriterien der Qualifikation orientieren, sondern da und dort von beiden Seiten eher zur Wahrung hierarchischer Strukturen und persönlicher Karriereüberlegungen (z. B. Erreichen einer Chefarztposition) mißbraucht werden.

Der wissenschaftliche Fortschritt vollzieht sich an den Fächergrenzen: So ist die feingefächerte, um nicht zu sagen atomisierte Institutsstruktur dieser Hinwendung zur Interdisziplinarität in der Regel nicht mehr gewachsen. Weniger hierarchisch strukturiert muß es zu Schwerpunktbildungen kommen [264, 271].

"Mahagoni verheizen" nennt man es, wenn ausgewiesene Forscher in diesem System keinen ihrer Qualifikation angemessenen Weg in der Landschaft der Wissenschaften finden und nach erfolglosem Engagement schließlich die Flucht in die Medizinperipherie antreten, d. h. spät das Metier zu wechseln gezwungen sind, was wiederum der klinischen Forderung nach Übung und Erfahrung nicht immer gerecht wird.

6.2 Forschungsschwerpunkte

Die folgende (unvollständige) Auflistung von laufenden Forschungsthemen soll dem Leser einen ersten Einblick in den breit gefächerten Horizont naturwissenschaftlicher Grundlagenforschung in der Medizin vermitteln und neben der hochspezifischen Methodologie die enge interdisziplinäre Vernetzung mit der Theoretischen Medizin und Biologischen Chemie bzw. Biophysik deutlich machen.

- Veränderungen des Zytoskeletts bei neurodegenerativen Erkrankungen
- Transplantation eines PC12-Zellklons beim M. Parkinson
- Gestörte Trophoblastinvasion als Ursache von Spontangeburten und Gestosen
- Genetische Defekte von spannungsabhängigen Ionenkanälen
- Kalziumsensitivierung des Troponins (Herzmuskel) durch Pimobendan
- Die Rolle von Mikrogliazellen bei Erkrankungen des Nervensystems
- Fehlerhafte Funktion von Transskriptionsfaktoren in lymphatischen Tumoren
- Untersuchungen zum neuronalen Zelltod durch Apoptose bei Prionkrankheiten
- Apoptosemechanismus: Dysfunktion des CD-95-Systems
- Molekulare Mechanismen der Persistenz von Parasiten im Wirt
- Stickstoffmonoxid: Generator- und Effektorsysteme
- CTP-bindende und -spaltende Enzyme in der Signaltransduktion
- Molekulare Mechanismen der Entzündung (v. a. Zytokine)
- Regulation der zellulären Differenzierung durch interzelluläre Kommunikation und intrazelluläre Signale
- Funktionssteuerung an zellulären Oberflächen
- Multiproteinkomplexe in der Regulation der Genexpression
- Translokation von Molekülen durch Membranen
- Intrazelluläre Transportprozesse
- Gendiagnostik und -therapie
- Pharmakologische Beeinflussung proinflammatorischer Zytokine
- Gezielte Suppression der Synthese von Tumor-Nekrose-Faktoren
- Molekulare Mechanismen der Hormonresistenz
- Mobilisierung und Gewinnung von hämatopoetischen Stammzellen
- Zytokinmuster beim septischen Schock
- Molekulare Prävention der koronaren Restenose
- Bioverträglichkeit von Implantaten und Entwicklung neuer Werkstoffe
- Erkennung von Nierenzellkarzinomen durch zytotoxische Effektorzellen
- Transplantation von fetalen Nervenzellen beim M. Parkinson
- Renervation transplantierter Neurone
- HPV-Impfung als Tumorprävention (z. B. Zervix-Ca.)
- Genexpression des Gonadotropin-releasing-Hormons in der Plazenta
- Kontrolle des uterinen Prostaglandinstoffwechsels
- Genetik affektiver Psychosen
- Genetische Mechanismen der Gewichtsregulation (Eßstörungen, Adipositas)
- Wissensbasierte Diagnose- und Therapieunterstützung (künstliche Intelligenz)

6.3 Ausbildungsmodi

Soll die Ausbildung in der Medizin den wissenschaftlichen Nachwuchs oder den praktizierenden Arzt bzw. Spezialisten zum Ziel haben? Da die Medizin ein praktisches Fach ist und die weit überwiegende Mehrzahl der Studierenden eine praktische Tätigkeit anstrebt, muß der Schwerpunkt der Ausbildung selbstredend *praktischer* Natur sein: Dann gehört der historisch bedingte Überhang der vorklinischen Fächer in einen Rahmen ihrer Anwendungsbezogenheit; dann gehört der Studierende nicht in den Hörsaal, sondern ans Krankenbett unter (anfangs schulischer) Anleitung; keineswegs darf die "Schulmedizin" ihr naturwissenschaftliches Konzept als Lehrinhalt einschränken, aber sie muß den Studierenden einen interdisziplinären Horizont bis hin zu den wissenstheoretischen Grundlagen und zu wissenschaftlichen Nachbargebieten öffnen und sie in den Dialog mit öffentlichen (nicht nur öffentlich-rechtlichen) Positionen einüben.

Ziel ist der Erwerb kritischen Unterscheidungs- und Entscheidungsvermögens im Einzelfalle und nicht die Dressur auf empirisch (statistisch) bewährtes Handeln nach Art der "Kochrezept-Medizin" (naiver Rationalismus).

Die Vielfalt möglichen Wissens und die aktuellen wie grundsätzlichen Grenzen des Erkennens werden manchen der Studierenden zum Denken, zum Nachdenken und zum Nachfragen anregen; den einen oder anderen sogar motivieren, durch eigenes Bemühen neues Fachwissen zu erwerben, d. h. Wissenschaft zu betreiben. Dazu mögen die Ausbildungsmodi den ersten Anstoß geben.

Die 8. Novelle der Approbationsordnung bleibt hinter diesen Zielvorstellungen weit zurück. Experimentiermodelle einzelner Universitäten (z. B. Harvard-Modell der LMU München) könnten hier heilsam einspringen.

6.4 Der Fächerkanon der Medizin

Der naturwissenschaftlich-technisch geprägte Fortschritt hat in der medizinischen Ausbildung wie in der Praxis eine bedenkliche Kluft zwischen dem ganzheitlichen Aspekt des Krankseins und der spezialisierten Perspektive der Einzeldisziplinen aufbrechen lassen. Die Spezialisierung erhält ihre Ergänzung und Stütze in dem gegenwärtigen Verzicht auf eine wertbezogene Fundierung der Medizin: Im Blick auf diese Situation spricht der Lübecker Medizinhistoriker V. Engelhardt von einem neuzeitlichen Exodus der Geisteswissenschaften aus dem medizinischen Fächerkanon [100] (s. auch Kap. 1 und 2).

Obwohl nicht zwingend an die naturwissenschaftlichen Grundlagenfächer gebunden, bilden diese in der modernen Medizin dennoch die Basis der medizinischen Forschung mit allen Konsequenzen hinsichtlich Methodologie, Fachsprache, Nutzbarkeit und anwendungsbezogenen Techniken. Aus dieser Quelle speisen sich die z. T. ambivalenten Fortschritte der praktizierenden Medizin.

Entsprechend der handlungsorientierten Bestimmung von Medizin versteht sich der Arzt aufgrund seiner Ausbildung und Erziehung zumeist so, daß er handelnd Erkenntnisse theoretischer Wissenschaften zum Wohl des Kranken anwendet. Hier kommt es nicht so sehr darauf an, ob es sich ausschließlich um Erkenntnisse der Naturwissenschaften oder daneben auch um solche der Sozialwissenschaften oder anderer Wissensgebiete handelt. Wesentlich ist nur, daß es die Kategorie der Anwendung ist, die das Selbstverständnis des Arztes bestimmt. Auf der einen Seite stehen so die theoretischen Wissenschaften mit ihren Ergebnissen, auf der anderen Seite das Handeln. Für die Beurteilung seiner Anwendung aber ist nach alter Tradition die Ethik zuständig. So weiß sich der Arzt immer dem Zwiespalt zwischen den Ansprüchen der Wissenschaft und denen der Ethik zugleich unterworfen [12] (zur Medizinethik s. Kap. 3).

Daraus folgt, daß der Arzt, ständig um Verbesserung von Diagnostik und Therapie bemüht, Erfahrungswerte jeglicher Provenienz einzuholen angehalten ist oder zumindest kritisch die Forschungsergebnisse anderer in seine ärztliche Entscheidungen einbeziehen sollte. Der Arzt befindet sich also von der Natur der Sache her zwangsläufig in einem fortwährenden Frage-, Erkenntnis- und Lernprozeß: die Ärzte - eine dialogische Gemeinschaft der Lernenden!

Man muß sich in diesem Zusammenhang vor Augen halten, aus welch zahlreichen, methodologisch verschiedenartigen Quellen die Medizin ihre Erkenntnisse schöpft und wie wichtig der interdisziplinäre Dialog ist, um den drohenden Verlust des wissenschaftlichen Bildungshorizontes zu kompensieren; aus diesem Aspekt wächst der Medizin der unschätzbare Vorteil zu, mit Fakten umzugehen und jegliche philosophische Gelehrsamkeit in die Richtung tätigen Geistes zu drängen, vermittelt durch ein sich wandelndes Vokabular, das das kategorielle Bewußtsein der Einzeldisziplinen (das Denken in Schubladen) in die Gemeinsamkeit einer übergreifenden Kognitionswissenschaft überführt.

Aus dieser Sicht läßt sich die moderne Medizin in einen weiter gefaßten, nicht mehr allein naturwissenschaftlich-technisch definierten Wissenschaftsbegriff einbinden: dazu gehören *alle* mit validen Methoden erbrachten Erfahrungswerte; gemeint sind neben den naturwissenschaftlichen Methoden solche anderer Erfahrungswissenschaften (z. B. der Sozialwissenschaften, Psychologie, Informatik), die Heranziehung hermeneutischer Denkformen (s. Kap. 1) wie auch die Denkbewegungen innerhalb der Vernunftethik (s. Kap. 3).

Man möge aus diesen kurzen Hinweisen und den Ausführungen in Kap. 1 aber doch das ganze Ausmaß von Verständigungsschwierigkeiten ersehen, die sich im Spaltraum zwischen den Disziplinen ausbreiten und den dringend gebotenen, gesuchten und gewünschten Dialog erschweren.

Die praktizierende Medizin denkt und handelt als ärztliche Kunst eklektisch; d. h., sie wendet handelnd Erkenntnisse *aller* Wissenschaften an, und zwar entlang dem ursprünglichen Heilauftrag des Arztes. Dieser Heilauftrag ist Jahrtausende älter als jede Wissenschaft. Er geht von dem einzelnen, hilfsbedürftigen Patienten aus und gilt jeweils seinem Arzt. Dies geschieht vor aller Professionalisierung und kulturellen Überformung, vor aller wissenschaftlichen und technischen Spezialisierung [9] und liefert den sinn- und wertkonstituierenden Hintergrund der ärztlichen Ethik, die Idee vom "guten Arzt" (s. Kap. 3).

Defizite der ärztlichen Entscheidungsqualität geben sich dann in der Unschärfe zwischen dem Notwendigen oder nur Wünschenswerten zu erkennen; sei es aus Mangel an Wissen, aus Wissenschaftsgläubigkeit, aus Über-

schätzung technischer Mittel oder aus persönlichem
Geltungs- und Profitstreben. Der Vorwurf, die den Kranken
bedrückenden Nöte und Ängste nicht zu verstehen, seine
Ansichten und Erlebnisse zu vernachlässigen, sich mehr auf
objektive (erklärende) als auf subjektive (verstehende)
Wahrnehmungen zu verlassen, Güte und barmherzige Betreuung vermissen zu lassen, wird Ärzten und dem medizinischen Personal in der Klinik, aber auch in der Praxis heute bevorzugt unter dem Hinweis darauf gemacht, daß der
erheblich gesteigerte Einsatz technischer Hilfsmittel dafür
verantwortlich sei und mit der Bemühung um größtmögli-
che Objektivität eine Distanz zum Kranken geschaffen werde. Andererseits erweckt die Machbarkeit von Heilung oft
genug die blinde Hoffnung des Patienten und seine An-
spruchshaltung.

Der übermächtige Einbruch der wissenschaftlich-technischen Revolution in unsere Lebenswelt ist kontin-
gentes Schicksal der Neuzeit. In dessen Kontext hat sich die
Medizin dort von ihrem ursprünglichen Heilauftrag entfernt, wo sie sich der robusten Herrschaft der Naturwissenschaften und der Technik über die Natur und über die Natur des Menschen - und nicht selten durch Marktinteres-
sen motiviert - andient.

6.5 Methodenvielfalt und Spezialisierung

Vom wahrhaft Heilkundigen erwartet der Philosoph Hans-
Georg Gadamer eine Verbindung von analytischem Differenzierungsvermögen mit einer ausgeprägten Empfänglichkeit für komplexe Zusammenhänge [27]. Auf die Praxis der
Medizin bezogen: Eine gute Portion allgemeinärztlichen

Wissens stünde jedem Spezialisten gut an, was in der Realität immer weniger der Fall ist. Es ist die dem Reduktionismus zugrundeliegende Methodenvielfalt in der Medizin wie überhaupt in den Erfahrungswissenschaften, die der Aufspaltung in immer kleinere Teilgebiete schier unaufhaltsam den Weg bereitet.

In welchem Umfang die Technik im Gefolge der Naturwissenschaften in die moderne Medizin Eingang gefunden hat, zeigt sich daran, daß Sachkompetenz sich heutzutage nicht mehr allein auf Stoffwissen und Erfahrungswissen, Intuition und Einfühlung, sondern zunehmend auf Fähigkeiten gründet, spezielle technische Methoden zu beherrschen. Häufig wird die Rolle, die jemand in seinem vorgegebenen Arbeitsprogramm zu erfüllen hat, wesentlich vom Methodischen her bestimmt und leitet von dort her, und nicht selten überwertig, ihren Leistungswert ab.

Dem Wissenschaftler wie auch dem Arzt drohen von dort her die Gefahr der Vereinzelung, der Vereinsamung im Fächerkanon der Medizin mit Verlust seines breiten ärztlichen Basiswissens. Das Dilemma des jungen Wissenschaftlers besteht darin, daß seine Vereinzelung, sprich: Fokussierung auf ein streng umrissenes Arbeitsfeld, bekanntermaßen eine Voraussetzung für seine wissenschaftliche Effizienz ist; ihm aber gleichzeitig den Überblick über die Methodenlandschaft anderer Disziplinen nimmt.

Bei der Beantwortung der Frage, welche Möglichkeiten und welche Kräfte der Integration den Gefahren und Nachteilen der unaufhörlichen Spezialisierung in und aus der ärztlichen Praxis entgegenzusetzen sind, müssen wir davon ausgehen, daß das Dilemma zwischen unvermeidlicher Spezialisierung und notwendiger Integration sowohl für den Arzt wie für den Patienten prinzipiell unaufhebbar ist. Die durch die wissenschaftliche Spezialisierung der Medizin ermöglichten Fortschritte verlangen ihren Preis und sind nicht zum Nulltarif zu haben. Integrationsbemühungen können diesen Preis vielleicht mindern, aber die partikularistischen Folgen der Spezialisierung nicht mehr rückgängig machen.

Organisatorische Bestrebungen gegen ein Auseinanderdriften der Einzelbereiche sind in der Forschung die interdisziplinäre Teamarbeit (z. B. in Form der Sonderforschungsbereiche der DFG), in der Praxis beispielsweise die Tumorzentren oder fachübergreifende Gemeinschaftspraxen. Indem sie einen engeren *horizontalen* Verbund bilden, durchdringen und kompensieren sie die *vertikale* Arbeitsteilung der Spezialdisziplinen. Dabei wird die entscheidende Integrationsleistung von der Person des Arztes *und* des Kranken gefordert und bestimmt die Art des Umganges miteinander [9].

Es ist offenkundig, daß die technische Methodenexplosion mit der Folge der Subspezialisierung die Gefahr eines unbezogenen, unkritischen Medizinkonsums heraufbeschwört, und zwar dadurch, daß sie den Kranken zum Objekt eines zum Selbstzweck angewachsenen Systems - des sog. Medizinbetriebes - degradiert.

Nicht übersehen oder gar verdrängt werden darf die Kritik, die die Patienten selbst wie auch die Studenten und Assistenten dem technisch betonten Spezialistentum entgegenbringen: beschränkte ärztliche Kompetenz, Verengung der Denkansätze, Einseitigkeit der Begriffssysteme, unverknüpftes organorientiertes Denken und Handeln,

Überbewertung der eigenen Subspezialität gegenüber der umfassenden Problematik der Krankheiten und Einseitigkeit in der Lehre.

6.6 Das Sisyphus-Syndrom

Dieser Begriff wird hier umgangssprachlich (im Sinne von "Sisyphusarbeit") und ohne Bezug auf das philosophische Werk von Camus [175] verwendet. Es geht um das Mißverhältnis von Menge an Wissen und Lernkapazität. Nach den verfügbaren Schätzzahlen wächst auf dem Gebiet der klinischen Medizin und ihrer Teilgebiete die Menge an Wissen pro Jahrzehnt stärker an als der individuelle Lernzuwachs. Dies bedeutet ein unaufhörliches Anwachsen des Wissensdefizits des einzelnen. Noch größer ist das Wissensdefizit, wenn man den kontinuierlichen Zerfall an gültigem Wissen davon abzieht.

Eine Variante davon und ebenfalls Folge der Wissensexplosion ist, daß die Menge der neuen unbeantworteten Fragen schneller anwächst als die Möglichkeiten ihrer Beantwortung durch neue Forschung. Realität ist deshalb, daß mit dem horrenden Zuwachs unseres medizinischen Wissens auch wieder unser Nichtwissen ansteigt, und zwar überproportional dazu. Es ist das Sisyphus-Syndrom der modernen Medizin und eigentlich jeglicher Wissenserfahrung, dem entweder durch eine immer weiter vorangetriebene Spezialisierung (s. oben) oder durch die Verfügbarkeit von EDV-gestützten Expertensystemen (s. unten) auszuweichen versucht wird. Erkenntnisse im Zusammenhang versprechen aber nur die interdisziplinäre Forschung, neue Systemtheorien und der übergreifende Diskurs der Philosophie.

6.7 Grundlagen ärztlicher Entscheidungsfindung

In der Regel bezweckt medizinisches Handeln, Leiden zu vermindern, ja sogar sie zu heilen oder sie im besten Falle zu verhüten. Rationales Handeln setzt begründbare Entscheidung zum Handeln voraus. Der Weg zu einer Entscheidung nimmt seinen Ausgang von einem konkreten Problem. Je prägnanter eine Problemlage beschrieben werden kann, um so deutlicher werden sich nach aller Erfahrung die möglichen Wege zu ihrer Lösung (Problemlösungsstrategien) aufzeigen und - idealtypisch - vertretbare Entscheidungen zum Handeln (oder auch zum Nichthandeln) finden lassen. In der Wirklichkeit weichen ärztliche Entscheidungen oft mangels Wissen, Zeit oder verfügbarer Daten und Hilfsmittel (einschließlich Konsiliarhilfen) von der bestmöglichen Lösung mehr oder weniger ab.

Diagnostik und Therapie basieren auf Empirie, Intuition und Logik. Unsere Bemühungen, die Elemente des ärztlichen Handelns einschließlich ethischer Entscheidungen systematisch zu erforschen, stoßen bisher noch auf beträchtliche Schwierigkeiten, die in den methodischen Grenzen der Analyse ärztlichen Handelns, aber auch in der Vielfalt der beteiligten Entscheidungsfaktoren (komplexe Prozesse) zu suchen sind. Zwar umfaßt die Medizin zahlreiche, z. T. fragwürdige Methoden zur Bewältigung von Krankheiten, aber erst die begründeten, durch objektive Erfahrungswerte gesicherten Methoden (evidence-based medicine) eignen sich zur Strukturierung von Entscheidungsprozessen, weil ihre Voraussetzungen bekannt sind und weil sie zwischen Deutung und Faktum unterscheiden. In der medizinischen Methodenlehre kommt deshalb den empirisch gesammelten und qualitätskontrollierten Parametern die Eigenschaft vergleichsweise geringer Subjektivität, aber verhältnismäßig großer Zuverlässigkeit zu.

Medizinische Entscheidungsprobleme treten gewöhnlich auf zweierlei Weise zutage: entweder als abweichendes Ergebnis anläßlich einer (ungezielten) Screeninguntersuchung (z. B. ein erhöhter Blutdruck), oder der Patient schildert Beschwerden und Beobachtungen bzw. gibt Symptome zu erkennen (z. B. Belastungsdyspnoe). Beide Situationen stellen den Untersucher von Anfang an vor die Entscheidung, welche Bedeutung er der erfaßten bzw. geschilderten Abweichung von der Norm beimißt.

Den Kundigen zeichnet es aus, daß er den anstehenden Befund ggf. durch gezielte Befragung bzw. wiederholte und erweiterte Erfassung absichert und je nach Dringlichkeit (Akuität) (z. B. hinsichtlich vorhandener Vitalstörungen) oder möglicher Folgestörungen bewertet. Jedenfalls ist der Arzt zu jedem Zeitpunkt dieses Prozesses aufgerufen, zwischen Tun und Lassen abzuwägen, und zwar dies in ständiger gedanklicher Verbindung zum jeweiligen diagnostischen Kenntnisstand, den er fortwährend, in einem dem anstehenden Problem *angemessenen* Umfange und schrittweise voranzutreiben versucht, mit dem Ziel, rational begründet und zum gebotenen Zeitpunkt therapeutisch einzugreifen.

Medizin ist die Kunst im Umgang mit unsicherem Wissen. Im Gegensatz zur klassischen Logik, in der eine Aussage entweder wahr oder falsch ist, bewertet die medizinische Diagnostik und Prognose eine Aussage mit einer graduell durch Unsicherheit belasteten Wahrscheinlichkeit. In der allgemeinsten Form geht es darum, die Krankheit des Patienten, genauer: sein Krankheitsmuster, mit dem arztspezifischen System (Denk- und Methodensystem) zur Deckung zu bringen (zu den Methoden der Diagnoseevaluierung s. [270]).

Gezielte (diskriminierte) oder ungezielte (indiskriminierte) Erfassung von Befunden. Am meisten leistet nach wie vor die persönlich und sorgfältig erhobene Anamnese, dies allein schon im Hinblick auf den hohen Anteil familiär bzw. in den individuellen Lebensumständen verankerter Risikofaktoren (z. B. Hypertonie, Diabetes mellitus, Alter, Nikotin- und Alkoholkonsum, Medikamente), wegen der Bedeutung des sozialen Umfeldes (z. B. Beruf), von außen einwirkender Krankheitsursachen (z. B. Umweltnoxen) und psychosomatischer Störungen; ferner die geübte und sorgfältige körperliche Untersuchung des Patienten, die anhand von erfaßten Leitsymptomen (z. B. Herzgeräusch, Hautzeichen bei inneren Erkrankungen, Lokalisation von Schmerzen) oft bereits auf der ersten Entscheidungsebene den richtigen Weg weist und dem Patienten manchen diagnostischen Aktionismus erspart. Die diagnostische Ergiebigkeit von Anamnese und unmittelbarer Untersuchung in der Hand des Geübten darf man auf 60 - 90% schätzen. So enthalten die Ergebnisse der Erstbefragung und Erstuntersuchung bereits wertvolle Hinweise auf *prädiagnostische Indikatoren* (z. B. Leitsymptome und Syndrome, Risikokonstellationen, Ausschlußkriterien, Laborbefunde, Vorkrankheiten, berufliche Exposition); diese bedürfen dann der Bewertung mit validierten Methoden (beispielsweise der klinischen Chemie, der Sonographie, der Endoskopie), also mit Hilfe diskriminierter Untersuchungsschritte.

Dagegen verrät der Versuch, aus einem einzigen Symptom bzw. Befund eine umfassende Diagnose zu formulieren, den klinisch Unerfahrenen. Unrationell und unverantwortlich ist es auch, ungezielt, d. h. ohne gründliche Untersuchung mit nichtinvasiven Methoden, die speziellen, oft risikobelasteten Untersuchungstechniken einzusetzen.

Im einzelnen erfolgt die Bewertung und Verknüpfung von Symptomen und Untersuchungsbefunden erst einmal durch die Unterscheidung von *eindeutigen, mehrdeutigen und vieldeutigen Symptomen bzw. Befunden,* ferner durch Zuordnung zu einem Befundmuster (Syndrom) und durch den induktiv-deduktiven Schritt (von der Verdachtsdiagnose zur gesicherten Diagnose, s. unten). Oft, ja fast immer werden als Ergebnis der Erhebung verschiedene Diagnosen unterschiedlicher Rangordnung nebeneinander stehen und müssen dann je nach kausaler Verknüpfung untereinander und nach ihrer klinischen Wertigkeit (akut oder chronisch, symptomatische oder kausale Therapie) geordnet und gewichtet werden.

Ein weiteres Ordnungsprinzip in der Phase der Befunderhebung ist die Verknüpfung von Verlaufsparametern mit organbezogenen (z. B. Beschwerdetypus, neurologische Symptome) *und* systembezogenen Befunden (z. B. Blutsenkung, Fieber).

Der induktiv-deduktive Schritt. Diese gängige diagnostische Vorgehensweise besteht darin, daß ein konkret erhobenes Befundmuster (Verdachtsdiagnose, Arbeitsdiagnose) mit einem Idealmuster ("Lehrbuchdiagnose") verglichen wird (induktiver Schritt). Durch gezielte Untersuchungen -

den deduktiven Schritt - wird nun die Deckungsähnlichkeit oder sogar Deckungsgleichheit dieser Arbeitshypothese überprüft. Im einfachsten Fall ist das erste Befundmuster (z. B. Lungenödem bei hypertensiver Krise) so prägnant, daß dem induktiven Schritt bereits eine hohe Trefferwahrscheinlichkeit zukommt und eine somit gut begründete Therapie rechtfertigt. Die Klinik kennt zahlreiche Beispiele solcher Prima-vista-Diagnosen. Die tägliche Erfahrung lehrt aber, daß erst nach schrittweiser Befunderhebung (Stufendiagnostik) bis hin zum Einsatz invasiver Untersuchungsverfahren eine diagnostische Deskription der aktuellen Befundkonstellation wenigstens näherungsweise möglich wird. Oft genug weicht nach der Prozedur das Endergebnis von der anfänglich formulierten Hypothese (Arbeitsdiagnose) beträchtlich ab.

Eine Variante der Stufendiagnostik sind *Algorithmen* in Form von Entscheidungsbäumen von Ja/Nein-Alternativen (sog. sequentielle Diagnostik) zur Differentialdiagnose von Leitsymptomen (z. B. Anämie, Ikterus, Makrohämaturie, Koma, chronische Diarrhö usw.). Ganz allgemein versteht man unter Algorithmen Rechenvorgänge, die nach einem bestimmten sich wiederholenden Schema ablaufen und in dieser Form auch von Rechenautomaten bearbeitet werden können.

Andere Varianten diagnostischen Vorgehens sind *Suchprogramme* (z. B. bei der Abklärung von Synkopen oder bei der juvenilen Hypertonie), die Verwendung einer Punkteskala (Score) (z. B. bei der rheumatoiden Arthritis, bei Schockzuständen), von Klassifikationen (z. B. die TNM-Klassifikation maligner Tumoren) und Stadieneinteilungen (z. B. die Schweregradeinteilung der New York Heart Association).

Zu den postdiagnostischen Ermittlungen zählen die Aussagewahrscheinlichkeit (prädiktiver Wert), der klinische Schweregrad (einschließlich Staging), die Ermittlung von Prognoseindizes, der Locus im kausalen Netzwerk und die Umsetzung des diagnostischen Kenntnisstandes in den Behandlungsplan.

Die Anwendung des Theorems von Bayes. Die diagnostische Treffsicherheit einer Methode (prädiktiver Wert) wird von der Ausgangswahrscheinlichkeit (Prävalenz), der Sensitivität und Spezifität determiniert:

$$\text{Prädiktiver Wert} = \frac{\text{Prävalenz} \times \text{Sensitivität}}{\text{Prävalenz} \times \text{Sensitivität} + (1 - \text{Prävalenz}) \times (1 - \text{Spezifität})}$$

Bekanntermaßen beschreibt die Sensitivität einer Methode den Anteil der mit dem diagnostischen Verfahren als krank erkannten Patienten unter den Kranken, die Spezifität den Anteil der mit dem diagnostischen Verfahren als "nicht krank" erkannten Personen unter den Gesunden. Wie am Beispiel der CK-MB gezeigt werden kann, führt eine Erhöhung des oberen Normalwertes zu einer Verminderung der Sensitivität und zu einer Zunahme der Spezifität. Hingegen führt eine Erniedrigung des oberen Normalwertes zu einer Zunahme der Sensitivität und zu einer Abnahme der Spezifität. Für Screeningverfahren wird man den oberen Normalwert eher niedrig halten, für Therapieentscheidungen eher erhöhen.

Je höher die Prävalenz, d. h. je höher die wahrscheinlich Kranken in der Untersuchungsgruppe, um so höher ist die Aussagewahrscheinlichkeit (prädiktiver Wert) der Diagnose. *Beispiel:* Je höher die Ausgangswahrscheinlichkeit einer koronaren

Herzkrankheit anhand der Beschwerden ist, um so höher ist die Treffsicherheit einer ST-Segment-Depression im Belastungs-Ekg. Dies bedeutet dann auch, daß trotz hoher Sensitivität und Spezifität der prädiktive Wert an einem unselektierten Krankengut (d. h. mit niedriger Prävalenz) so niedrig ist, daß diese Methode sich als Screeningmethode nicht eignet. Dies läßt sich am Beispiel des HLA-Antigens B27 mit Bezug auf die Erkennung eines Morbus Bechterew darstellen: Trotz einer Sensitivität von 92% und einer ähnlich hohen Spezifität ist der prädiktive Wert bei einer Prävalenz von 0,1% nur 1,1%, also nur von geringem Aussagewert in einem unselektierten Krankengut. Im Falle eines selektierten Patientengutes (Rheumaambulanz mit 50% Prävalenz) wird sinngemäß ein hoher prädiktiver Wert (22%) für dieselbe Untersuchungsmethode erhalten. Demzufolge spricht ein Symptom (bzw. ein Meßwert) mit hoher Wahrscheinlichkeit für das Vorliegen einer Krankheit wenn

- das Symptom bei der Krankheit häufig auftritt,
- die Krankheit in dem jeweiligen Patientengut häufig vorkommt,
- das Symptom bei anderen Krankheiten selten beobachtet wird.

Genaugenommen ist die vielfache Anwendung des Theorems von Bayes nur unter zahlreichen Voraussetzungen korrekt. Da diese im allgemeinen verletzt oder die geforderten statistischen Parameter nicht bekannt sind, suggeriert die Anwendung dieser Rechenmethode meist eine weit größere Genauigkeit, als dies in der Praxis möglich ist. (Zur Methodik der Diagnoseevaluierung s. auch eine jüngst erschienene Monographie von Gross und Löffler [165]).

Bestimmtheit und Treffsicherheit. Ein weiterer, erkenntnis-
theoretisch begründeter Aspekt ist die jedem Statistiker ge-
läufige Tatsache, daß mit zunehmender Bestimmheit einer
Aussage (Exaktheit, Informativität, Überprüfbarkeit, Allgemeingültigkeit, strikte Universalität) ihre Sicherheit, d. h.
die Wahrscheinlichkeit ihrer Richtigkeit (z. B. unter Alltags-
bedingungen, bei variablen - biologischen - Parametern),
abnimmt und umgekehrt. Beispielsweise liegt der Vorteil
von weniger bestimmt formulierten Faustregeln in ihrer
praktischen Verwendbarkeit; der Nachteil von wissenschaftlich exakt formulierten Aussagen und Theorien liegt in
ihrer "Verwundbarkeit", d. h., sie werden durch neue, modi-
fizierte Aussagen rasch falsifiziert. Wie alt diese elementare Einsicht ist, mögen die folgenden Zitate belegen:

- "Der Gebildete treibt die Genauigkeit nicht weiter, als es
  der Natur des Gegenstandes entspricht" (Aristoteles);
- "Der Mangel an mathematischer Bildung gibt sich durch
  nichts so auffallend zu erkennen wie durch maßlose Schärfe
  im Zahlenrechnen" (Gauß);
- "Der Jammer mit der Menschheit ist, daß die Narren so
  selbstsicher sind und die Gescheiten so voller Zweifel"
  (Russell).

Man versteht dann besser, warum der in der
Entscheidungsfindung erfahrene Arzt und sogar EDV-ge-
stützte Diagnosesysteme (s. unten) darauf gerichtet sind,
eher eine "unscharfe Logik" oder "weiche Logik" anzuwen-
den, die es ermöglicht, Schlüsse aufgrund mehr oder weniger vager Prämissen zu ziehen.

Das kausale Netzwerk. Krankheitsprozesse lassen sich -
vereinfacht formuliert - meist als Folgestörungen zeitlich
vorausgegangener und nosologisch übergeordneter Prozesse verstehen. Die vielfältigen Verknüpfungen von Prädispo-
sitionen, Ursachen und Folgen wie auch Rückwirkungen im
Sinne zirkulärer Prozesse in der Zeit bedingen den Stellenwert einer bestimmten Diagnose im kausalen Netzwerk.

Der Begriff "Stellenwert" (einer Diagnose im
kausalen Netzwerk) umfaßt mindestens zweierlei: einmal
dessen Gewicht auf nachfolgende Störungen, zum andern
seine Bedeutung für den Patienten selbst (z. B. Schmerzen,
Befindlichkeit, Einschränkung seiner Lebensqualität, als le-
bensbedrohlicher Zustand, Therapierbarkeit usw.). In der
Hierarchie der "Ober- und Unterdiagnosen" lesen sich die
kausal verknüpften Krankheitszustände von unten nach
 oben als Symptome der jeweils zugrundeliegenden Erkrankung und so weiter bis an die Grenze des kausal Wißba-
ren. Je höher die Therapie in dieser Ursachenpyramide ansetzt, um so kausaler und um so weniger symptomatisch
wirkt sie. Je komplizierter sich die kausale Verknüpfung
von Krankheiten untereinander darstellt, um so schwieriger wird die Umsetzung in Therapieentscheidungen. Man
darf allerdings nicht aus dem Auge verlieren, daß die Strukturierung von biologischen Systemen und deren Interdependenzen in Form linearer Prozesse (ähnlich physikalischen Vorgängen), in Form einfacher (naiver) Kausalzusam-
menhänge an der erfahrbaren Wirklichkeit vorbeigeht. Die
 pathophysiologische Forschung erkennt in jüngster Zeit
zahlreiche Prozesse (z. B. bei der Entstehung von Kammer-
tachykardien), bei denen das Paradigma der "nichtlinearen Dynamik" Gültigkeit zu haben scheint (s. S. 48).

Umsetzung von Diagnose in Therapie. Hierher gehören zunächst einmal die alltäglichen einfachen Handlungsanweisungen und Rezepturen: beispielsweise bei der Reisediarrhö, zur Behandlung akuter Schmerzzustände, Maßnahmen der Erstversorgung, studienabgeleitete Anweisungen zur Antibiotikatherapie bei Neutropenie, bei der chronischen Herzinsuffizienz, bei der adjuvanten Chemotherapie von Malignomen usw. Gängige therapeutische Strategien zielen auf primäre oder sekundäre Prävention, wirken kausal, sind nosologisch orientiert, beseitigen substituierend Vitalstörungen, eliminieren Noxen oder mildern Symptome und gehen iatrogene Komplikationen an. Typische Zielkonflikte therapeutischer Entscheidungen sind ein niedriger prädiktiver Wert der Diagnose, umstrittener Nutzen, hohes Risiko, begleitende Krankheiten, Interaktionen von Pharmaka, mangelnde Verfügbarkeit der Mittel (Versorgungsstufe) und eine ungenügende Erfahrungsqualität des Therapeuten.

Algorithmisch strukturierte Entscheidungsprozeduren lassen sich für eine Vielzahl von akuten und chronischen Krankheitszuständen formulieren und finden zunehmend auch Eingang in die ärztliche Fort- und Weiterbildung. Sie sind eine unerläßliche Voraussetzung für die Entwicklung rechnergestützter Entscheidungshilfen (s. unten) und basieren auf Daten des Expertenwissens, Metaanalysen oder Konsensuskonferenzen. Bekannte Beispiele sind u. a. das standardisierte Vorgehen beim akuten Myokardinfarkt, bei der akuten Gastrointestinalblutung, bei akuten und chronischen Harnweginfektionen, bei der stadiengerechten Therapie des Diabetes mellitus oder hinsichtlich des zeitlichen Einsatzes von ACE-Hemmern bei der chronischen Herzinsuffizienz.

Für die *Bewertung von Therapieverfahren* und damit auch für die aktuelle Therapieentscheidung spielen Prognoseindizes anhand verläßlicher Risikofaktoren eine wichtige Rolle. Beispielsweise determinieren nach einem akuten Myokardinfarkt eine Einschränkung der Pumpfunktion, eine fortbestehende Myokardischämie und ventrikuläre Herzrhythmusstörungen statistisch die weitere Prognose des Patienten und den Therapiemodus; beim Morbus Hodgkin werden die Patienten nach Staginguntersuchungen Prognosegruppen zugeordnet und diesbezüglich die Behandlungsstrategie abgeleitet. Ein weiteres bekanntes Beispiel ist die Entscheidung über den Einsatz adjuvanter Behandlungsmaßnahmen nach operiertem Mammakarzinom. - Zwangsläufig müssen nach Einführung neuer Methoden auch neue Strategien formuliert werden.

Therapie ohne Diagnose. Die Therapie ist in der Heilkunde älter als die Diagnose. Neben der Forderung nach nosologisch orientierten Therapieentscheidungen gibt es, wie die alltägliche Erfahrung lehrt, zahlreiche Situationen, die den Arzt unmittelbar zu Behandlungsverfahren zwingen, um Vitalstörungen zu beseitigen (z. B. eine Asphyxie, ein Morgagni-Adams-Stokes-Anfall, ein Schockzustand, eine Sepsis ohne Kenntnis des Erregers). Die weiteren Schritte werden dann darauf gerichtet sein, den Stellenwert des jeweils behandelten Zustandes im kausalen Netzwerk (s. oben) zu ermitteln. Der Kliniker Buchborn sagt: "Einziges Ziel auch der wissenschaftlichen Medizin ist nicht die intellektuelle Befriedigung des Arztes durch die Diagnose, sondern die Behandlung des Patienten; freilich auch, daß dabei die Motive des Helfenwollens untrennbar mit den Notwendigkeiten des Wissenmüssens verknüpft sind".

Nutzen und Gefahren prophylaktischer Maßnahmen. Der Versuch, auf rationalem Wege die Entstehung von Krankheiten zu verhüten oder deren Folgestörungen zu verhindern, durchzieht die gesamte Medizingeschichte und ist in den Gestaltungen der Gesundheitsvorsorge ein Teil der allgemeinen Kulturgeschichte. Als neuzeitliche Vertreter der "Kunst, das Leben zu verlängern", seien Frank (1745 - 1821) und Hufeland (1762 - 1836) aufgeführt. Unzweifelhaft sind eugenische Geburtenplanung, der Rückgang der Säuglingssterblichkeit; das Verschwinden von bestimmten epidemischen Infektionskrankheiten (z. B. Poliomyelitis) wie auch die verlängerte Lebenserwartung des zivilisierten Menschen eindrucksvolle Resultate wirksamer Krankheitsprophylaxe.

Bei der Erwägung prophylaktischer Maßnahmen sind außerdem mögliche, oft schwerwiegende Folgestörungen zu berücksichtigen, z. B.

- Blutungen unter Antikoagulanzien und Thrombolysetherapie,
- Neoplasien nach Immunsuppressiva und Zytostatika,
- Uratsteine durch Urikosurika,
- Generalisation eines Impfvirus unter Immunsuppression,
- antibiotikaassoziierte pseudomembranöse Kolitis,
- Kontrazeptivanebenwirkungen (Hypertonie, Thrombembolie u. a.),
- BCG-Sepsis als Letalkomplikation bei angeborenen Immundefekten,
- Infertilität (reversibel) nach Sulfasalazin.

Eine den klinischen Gegebenheiten angemessene, d. h. praktikable Abschätzung des Nutzens und der Gefahren einer prophylaktischen (präventiven) Maßnahme setzt konkret die Beantwortung von mindestens drei Fragen (nach Prognose, Effektivität und Nutzen/Risiko) voraus [168]:

- Ist der Verlauf der Grundkrankheit hinsichtlich Krankheitsbeginn, Rezidivhäufigkeit und Organkomplikationen (individuell oder statistisch) vorhersehbar?
- Ist die geplante prophylaktische Maßnahme geeignet, die Krankheitsmanifestation zu verhüten oder den spontanen Krankheitsverlauf hinsichtlich Rezidivhäufigkeit bzw. Organkomplikationen nachweislich günstig zu beeinflussen?
- Steht das (individuelle oder statistische) Risiko der prophylaktischen Maßnahme in einem angemessenen Verhältnis zum abschätzbaren Nutzen?

6.8 Was die Medizin therapeutisch leisten kann

Wer therapeutischen Fortschritt anstrebt, braucht begründbare Indikationsstellungen und Kenntnisse über Prognose und mögliche Nebenwirkungen. Diese Leistung kann nur ein Therapeut erbringen, der die Ergebnisse valider Studien in seinen Behandlungsplan integriert (evidence-based medicine). Die 1932 erschienene "Methodenlehre der therapeutischen Untersuchungen" des Bonner Klinikers P. Martini [369] war dazu ein erster Schritt.

Die International Conference of Harmonisation (ICH) [246] schlägt folgende Einteilung klinischer Studien vor:

- Studien zur Pharmakologie,
- therapeutisch explorative Studien,

- therapeutisch konfirmative Studien,
- Anwendungsbeobachtungen (nach Zulassung des Präparates).

Gängige *Studienmethoden* unterschiedlicher Aussagekraft sind:

- Konsensuskonferenz,
- Metaanalysen,
- kontrollierte randomisierte Studien,
- Kohortenstudien,
- Fallkontrollstudien,
- zeitliche und örtliche Vergleichsstudien,
- unkontrollierte experimentelle Studien,
- deskriptive Studien,
- Expertenmeinungen,
- Erfahrungen am Einzelfall.

Zahlreiche, oft vom therapeutischen Aktivismus und Optimismus getragene Maßnahmen werden als "klinisch vernünftig" bewertet, selbst wenn überzeugende Beweise für ihren Nutzen und ihre Evidenz fehlen ("absence of evidence is not evidence of absence").

Häufiger Anstoß für klinische Studien sind Einzelbeobachtungen von mutmaßlich allgemeiner Bedeutung, die den organisatorischen wie finanziellen Aufwand einer Studie lohnen (Beispiele: der Zusammenhang zwischen der Einnahme von Appetitzüglern und Herzklappenerkrankungen; Eingrenzung der Indikation zur koronaren Stentimplantation einschließlich antithrombotischer Prophylaxe; Laseranwendungen in der Dermatologie). Nicht immer erbringen klinische Studien klare, d. h. für die Diagnostik und Therapie verbindliche Ergebnisse (Beispiele:

fraglicher Zusammenhang zwischen vorausgegangener Radiojodtherapie und dem Auftreten von Schilddrüsenkarzinomen; die Infektionshypothese der Atherosklerose; die Wirksamkeit der Stoßwellentherapie in der Orthopädie; fragliche Überlegenheit der AT II-Antagonisten im Vergleich zu ACE-Hemmern; orale Kontrazeptiva und erhöhtes Schlaganfall-Risiko; umstrittener Überlebensvorteil durch Herzglykoside bei fortgeschrittener Herzinsuffizienz; umstrittenes kardiovaskuläres Risiko bei postmenopausaler Hormonsubstitution). Aktuelles Beispiel ist die Kritik von drei Fachgesellschaften (Gefässchirugie, Neurologie und Neuroradiologie) an der optimistischen Einschätzung der intraluminalen Therapie der Karotisstenose; ferner die bisher widersprüchlichen Studienergebnisse der stammzellgestützten Hochdosis-Chemotherapie des Mammakarzinoms. Eine grundsätzliche Problematik ist die Übertragung statistischer Ergebnisse auf den Einzelfall.

Eine häufige Methode der Urteilsbildung zur Entwicklung und Begründung ärztlicher Standards ist die Abhaltung von *Konsensuskonferenzen*. Ihnen liegt die Annahme zugrunde, daß eine breit zusammengesetzte Expertengruppe einen substantiellen Konsensus erarbeiten kann, der der mutmaßlichen Richtigkeit nahekommt. Ein rationaler Konsensus erfordert dabei, daß die erhobenen Gültigkeitsansprüche für Behauptungen, Empfehlungen, Leitlinien oder Orientierungshilfen ausschließlich auf argumentativem Diskurs der Experten, meist auf dem Boden von randomisierten, kontrollierten Multicenterstudien oder Metaanalysen, gründet und alle sachfremden Motive wie z. B. standespolitische oder ökonomische Interessen ausgeschlos-

sen sind. Führt der Konsensus zu einem Standardproto-
koll, dann bedarf er gleichwohl der individuellen Interpre-
tation des Arztes gemeinsam mit seinem Patienten anhand
der konkreten Situation. Er entlastet daher weder von eigenem Urteil noch von eigener Verantwortung.

Nicht selten mangelt es klinischen Studien an
"statistischer Power". Ein bekanntes Beispiel ist die amerikanische UGDP-Studie (Langzeitstudie) beim Typ-2-Diabe-
tes, die bei den mit Sulfonylharnstoffen und Biguaniden behandelten Patienten eine Zunahme der kardiovaskulären
Komplikationen auszählte und die die Diabetologen jahre-
lang in Unsicherheit und Dissens stürzte. Heute gilt dieses
Studienergebnis als falsch.

Ein anderes Beispiel: Aktuell wird das durch
Metaanalyse [276] erkannte Ergebnis diskutiert, daß moderne Antidepressiva im Vergleich zu Placebos nur 25%
wirksamer waren. Dabei schnitten Anxiolytika und Tran-
quilizer auch nicht schlechter ab als Antidepressiva. Es
drängt sich der Verdacht auf, daß die neuen Psychopharmaka weit weniger spezifisch agieren, als bisher aufgrund von
Erfahrungsberichten angenommen worden ist.

Wie sehr die Statistik durch Unterschiede in
der Auswahl der teilnehmenden Personen beeinflußt werden kann, zeigt die brisante Diskordanz bezüglich der pro-
tektiven Wirkung von Tamoxifen bei Frauen mit erhöhtem
Mammakarzinomrisiko.

Gängige Fehlerquellen von Metaanalysen beschreiben Egger und Smith [314, 315]: So beeinflußt die
schwierig zu ermittelnde Qualität der Originalstudien das
Ergebnis von Metaanalysen beispielsweise dahingehend,

daß der Einbezug von Studien mit niedriger Qualität in Metaanalysen dazu führt, daß der Nutzen von Interventionen überschätzt wird [327]. Zur Unsicherheit der Vorhersagewahrscheinlichkeiten von Metastudien s. [268]. Auf den statistischen Mißbrauch von Metaanalysen in der Homöopathie hat K. D. Bock [360] aufmerksam gemacht.

Zur Kritik an statistischen Studien gehört generell, daß häufig die *Koinzidenz* von zwei Variablen mit *Kausalität* verwechselt wird. Demzufolge beweist eine statistische Signifikanz zwischen der Verabreichung eines Medikamentes und einer beobachteten Wirkung keineswegs die unmittelbare kausale Verknüpfung zwischen beiden Vorgängen.

Die Biometriker Abel und Koch [177] betonen die Zufallsverteilung in vergleichenden Therapiestudien als ein wichtiges methodisches Prinzip, auf das nicht grundlos verzichtet werden darf. Andererseits ist in Situationen, in denen die Zufallszuteilung der Patienten nicht möglich oder nicht sinnvoll ist, die bei Methodikern häufig anzutreffende extrem ablehnende Haltung gegenüber nichtrandomisierten Studien nicht nur kontrapunktiv, sondern auch schlecht begründet. Zum Teil beruht sie auf Fehlurteilen über die Eigenschaften und Implikationen der Randomisation, zum Teil ist sie geprägt von einer Reihe abschreckender Beispiele aus der medizinischen Literatur. Weder diese Beispiele noch die bisher durchgeführten Untersuchungen des Zusammenhangs von beobachteten Effekten und der Methodik des Vergleichs in klinischen Studien noch die bisherigen synthetischenhistorischen Vergleiche beantworten jedoch die eigentlich interessierende Frage, ob sorgfältig geplante und analysierte nichtrandomisierte Studien nicht im Regelfall zum gleichen Ergebnis gelangt wären wie eine randomisierte

Studie. (Bezgl. Planung, Auswertung und methodischen Qualität klinischer Studien s. [176, 177, 277, 308, 347]. Konzept und Sprache der Biometrie werden in [349] ausführlich behandelt.)

Es ist kein Geheimnis und verrät eine schleichende Verbreitung unwissenschaftlicher Denkstrukturen, daß neue Arzneimittel vorzugsweise bei Indikationen getestet werden, die den Herstellerfirmen finanziell vielversprechend erscheinen. Dies ist zwar verständlich, jedoch nicht immer im besten Interesse des kranken Menschen. An dieser Stelle kommt den örlichen Ethikkommissionen, deren Beratung nach der 8. Novelle des Arzneimittelgesetzes zwingend ist, eine wichtige Funktion zu.

Mit offenen Worten beklagt J. Köbberling [266] die massiven Einflußversuche der werbenden Pharmaindustrie auf Herausgeberentscheidungen medizinisch-wissenschaftlicher Zeitschriften. Das da und dort augenfällige Negativimage eines Medizinbetriebs, in dem die persönliche Interessenlage eine immer engere Verkettung mit dem Forschungsziel einzugehen bereit ist, erweckt mit Recht bohrende Zweifel an der Glaubwürdigkeit mancher medizinischer Publikationen und macht hellhöriger, den Fortschritt vom scheinbaren Fortschritt unterscheiden zu lernen: noch ein Aspekt von "Ambivalenz" in der modernen Medizin. Hinter so mancher "Unsinnstherapie" oder zumindest unbegründeter therapeutischer Aktivität steckt die Absicht auf Profit (mutmaßlich kein geringer Anteil an steigenden Leistungen und Kosten).

Zur Kommerzialisierung der klinischen Forschung - (Erkenntnisgewinn, Interessenkonflikte, Abhängigkeit) s. Creutzfeldt und Weihrauch [368].

Gegen krude wie auch feiner gesponnene Publikationen unwahren Inhaltes hat die Deutsche Forschungsgemein-

schaft eine Kommission berufen und Empfehlungen zur "Selbstkontrolle in der Wissenschaft" formuliert [267].

Die hier in einer Übersicht zusammengefaßten
Beispiele von rationalen Behandlungszielen sind nach ihrer
Effizienz für den Patienten geordnet. Bemerkenswert ist dabei, daß die Medizin im vergangenen Jahrhundert nur auf
wenigen Sektoren das Ziel, primär-präventiv oder heilend
einzugreifen, erreicht hat - dort dann aber z. T. von weit-
reichender Wirkung, wenn man an die globalen Auswirkungen der Massenimpfungen denkt. Eine weitere Erklärung
ist, daß das Wissen um den Pathomechanismus vieler
Krankheiten noch begrenzt ist und auch, daß meist nur
dort - und das ist der seltenere Fall -, wo eine monokausale Krankheitsursache erkennbar ist, die Chance einer
Kausaltherapie (ggf. mit Heilung) am größten ist (Beispiel:
Infektionen, Impfungen). Die Mehrzahl der therapeutischen Aktivitäten ist, wie die Auflistung auf S. 155 erkennen
läßt, symptomatischer Natur: akut oder chronisch wirk-
sam, lebensverlängernd oder leidensmindernd.

Trotz hoher jährlicher Zulassungszahlen von
Pharmaka kommen nur wenige neue Wirkprinzipien auf
den Markt (im Jahre 1997 im Verhältnis 1700/5). Bekannt ist
auch, daß der therapeutische Erfolg bei mindestens 5%
durch unerwünschte Arzneimittelwirkungen geschmälert
wird (Beispiele: gastro-intestinale Blutung nach Einnahme
nichtsteroidaler Antirheumatika; kortikosteroidinduzierte
Osteoporose); die stationäre Einweisung von Patienten beruht zu mindestens 2% auf unerwünschten Arzneimittelwirkungen.

6.9 Intuitive Entscheidungen

Der Begriff "Intuition" (aus dem Lateinischen *intueri*) bedeutet "Wesensschau" (Husserl) und meint ein Ganzes in einem Akt einsichtig erfassendes, implizites Wissen, im Unterschied zum begrifflich-schließenden Denken, explizites Wissen [339]. Nach dem Modell von Dreyfus und Dreyfus
durchlaufen Anfänger empirischer Praxis mindestens fünf charakteristische Stadien auf dem Weg zum Experten:

1. Start mit kontextfreien Materialien;
2. Heranziehung situationsabhängiger Merkmale;
3. Kompetenzniveau: Merkmale und Regeln werden strukturiert, um ein gewähltes Ziel zu erreichen;

4./5. Stufen des Meisters/Experten: intuitives, d. h. ganzheitliches Verständnis anstelle eines analytischen, bewußten Vorgehens.

Der Experte "sieht" die richtige Entscheidung, ohne daß er die Lösungsstrategie analysieren muß (holistische Informationsverarbeitung). Dies setzt genügend Erfahrung früherer, ähnlicher Situationen voraus (Analog-Hypothese). Ohne Erfahrung gleitet Intuition in bloßes Raten (Herumwursteln, "trial and error") ab. Im diskursiven (logischen) Denken und mit der Intuition verbinden sich Wissenschaft und Kunst zu der für den ärztlichen Beruf typischen Synthese.

6.10 Rechnergestützte Diagnose und Therapie (Expertensysteme)

Nach dem Stande des heutigen Wissens und Wissenszuwachses (s. oben) erscheint es geboten und auch erfolgversprechend, weil realisierbar, medizinische Sachinhalte einer Strukturanalyse zu unterwerfen, mit der Absicht, daraus praktikable Entscheidungsprozeduren zu entwickeln. Für die Strukturierung ärztlicher Entscheidungsprozesse besonders geeignete Fachgebiete sind: Klinische Chemie, Intensivmedizin, Neurologie, Endokrinologie, Kardiologie, Hämatologie.

Schon vor und unabhängig von der Entwicklung medizinischer Expertensysteme haben rechnergestützte Verfahren Eingang in die Diagnostik und Therapie gefunden. Hierher gehören u. a. die computergestützte EKG-Auswertung, die Computertomographie und andere rechnergestützte bildgebende Verfahren, Methoden der Mustererkennung, die bloße Auflistung von lexikalischen Daten (z. B. von Arzneimittelnebenwirkungen und -interaktionen), automatisierte Therapiesysteme (z. B. künstliche Beatmung, künstliches Pankreas, cardiac assist devices) wie auch die programmierten und von verschiedenen physiologischen Parametern getriggerten künstlichen Herzschrittmacher und implantierbaren Defibrillatoren.

Expertensysteme. Hierunter versteht man formalisiertes menschliches Denken durch logische Operationen ohne Rückgriffe auf menschliche Intuition, Lernen oder Erkenntnis speicherbar und abrufbar zu machen. Expertensysteme nutzen ärztliche Erfahrung, z. B. durch Heranziehung von

Wahrscheinlichkeitsdaten des Theorems von Bayes (s. 6.7), von Algorithmen, von Fuzzy-Aussagen usw [370].

Nach Frick [179] sollte ein valides medizinisches Expertensystem folgende Auflagen erfüllen:

- Ein Expertensystem sollte eine - üblicherweise vom Rest des Programmsystems abgetrennte - *Wissensbasis* enthalten.

- Es sollte einen Programmteil beinhalten, der reproduzierbare, valide Entscheidungen fällt bzw. aus Vorgaben des Nutzers und Anwendung der Wissensbasis Schlüsse zieht. Dieser Mechanismus wird meist als *Inferenzstrategie der Problemlösungskomponente* bezeichnet.

- Hat das System Entscheidungen gefällt bzw. Inferenzen (Schlüsse) gezogen, so sollte es in der Lage sein, diese dem Benutzer in einer Form zu präsentieren, die den heutigen Softwaremöglichkeiten der Window- und Menütechnik, Graphik und Farbe entspricht und damit optimale Perzeption gewährleistet. Eine Fülle von unleserlichen Lisp-Statements am Bildschirm ruft Benutzerunmut hervor, der die Akzeptanz erheblich vermindert.

- Da ein solches System nur überlebt, wenn es sich den ständig im Fluß begriffenen wissenschaftlichen Erkenntnissen und wachsenden Informationen anpassen kann, muß es über eine mehr oder weniger intelligente *Wissensakquisitionskomponente* verfügen. Wissen muß in der Form und Weise vom Benutzer eingegeben werden, wie es seinem Wissen entspricht. Das vorherige Erlernen von syntaktischen oder semantischen Regeln zur Eingabe von Wissen in ein System mittels Editors ist unter allen Umständen zu vermeiden.

- Ein solches System sollte unscharfe Schlüsse zulassen. Damit sind Inferenzen gemeint, die auf der Basis statistischer, probalistischer und heuristischer Mutmaßlichkeits- oder Fuzzy-Aussagen beruhen.

- Ein Expertensystem sollte dem Benutzer die Möglichkeit von lernenden Versuchen anbieten. Diese Komponente könnte zum einen Basis für ein Lernsystem, zum anderen für eine effektive Evaluierung sein.

Anwendungsbereiche und -schwierigkeiten. Anwendungsbereiche von medizinischen Expertensystemen sind u. a. Automatisation (z. B. künstliches Herz), Simulation (z. B. medizinischer Unterricht), Konsultation (des Nichtspezialisten), diagnostische und therapeutische Entscheidungshilfen (z. B. bei Multimorbidität, Prognose, Risikoabschätzung), problemorientierte Lernprogramme [330].
       Aus den bisherigen Erfahrungen lassen sich folgende Probleme erkennen:

- Für die Heranziehung rechnergestützter Diagnose- und Therapiesysteme spricht, daß der fachbezogene Informationszuwachs in der Zeiteinheit größer ist als der individuell mögliche Lernzuwachs (s. S. 125).

- In der Verknüpfung von Einzeldaten zu komplexen Größen und in der Geschwindigkeit der programmierten Problemlösung ist der Rechner der personalen Analyse überlegen.

- Wichtigste Voraussetzung sind probalistisch evaluierte Daten und strukturierte Vorgaben.

- Rechner vermitteln dem Nichtexperten Expertenwissen; sie ersetzen aber weder Kreativität noch Intuition des Arztes. Der Rechner durchläuft physikalische Zustände, der menschliche Geist geht mit Bedeutungen um; nur der Programmierer weiß und gibt ein, welche physikalischen Zustände für welche Inhalte stehen.

- Unfähigkeit des Rechners zur holistischen (subjektiv gewichteten) Informationsverarbeitung und fehlendes Allgemeinwissen (s. Kap. 2).

Es gibt weitere Gründe, die einer breiten Anwendung von Expertensystemen in der Medizin (noch) im Wege stehen: unzuverlässige Meßwerterfassung, Multimorbidität, individuelles Kausalgefüge, mangelnder Konsensus der Experten, Entwicklungskosten/Nutzen-Relation, unzureichender Dialog zwischen Klinikern und Informatikern. (Weiteres s. [180, 181]. Ein Konsultationsprogramm für Kardiologie wurde von Puppe und Riecker entwickelt [182].)

Zur Ambivalenz des Fortschritts gehört die verbreitete Befürchtung, daß die Welt der Maschinen - und dazu gehören auch die Rechenmaschinen - unsere Lebenslandschaft verödet. Auf der anderen Seite sollen sie uns helfen,

- uns Wissen zuzuführen,
- uns in dem Labyrinth komplexer Kausalbeziehungen an Hierarchien heranführen und
- effektive therapeutische Strategien zu optimieren.

Wichtig dabei ist, daß wir uns dieser Maschinen als Werkzeuge bedienen, denn die spezifische Qualität der ärztlichen Kunst können Maschinen nicht ersetzen.

6.11 Qualitätssicherung

Man kann davon ausgehen, daß der ärztliche Ausbildungs-
stand und die Qualität der Krankenhausversorgung in
Deutschland weitgehend dem Standard der westlichen Län-
der gleichkommt. Allerdings ist der steigende und ökono-
misch kaum mehr zu verkraftende Kostenaufwand für medizinische Leistungen durch mehrere Faktoren bedingt, die
dem schon im Jahre 1921 von Bleuler [248] beklagten "au-
tistisch- undiszipliniertem Denken in der Medizin" ange-
lastet werden müssen:

- durch eine ausgeweitete, ja unkritische und meist apparativ
  (d. h. mit leichter Hand) vermittelte Diagnostik;
- durch unkritisch ausgeweitete Therapieindikationen (was
  machbar ist, wird gemacht);
- durch eine Verschreibungspraxis von Arzneimitteln und
  Kurleistungen, die den Kriterien der Notwendigkeit (strenge Indikation) und der Wirksamkeit sehr oft nicht genügen;
- durch Innovationen in der biomedizinischen Technik, die
  eigengesetzlich auf den medizinischen Markt drängen und
  auf diesem Wege im Kleide des Fortschritts neue Indikationen und damit neue Kosten schaffen.

In seiner Präsidialadresse stellte der Kliniker
P.C. Scriba sinngemäß fest: Wir benötigen ein System, wel-
ches Qualifizierung rigoros prüft und überprüft und zur
Basis einer Ermächtigung für individuelles Handeln macht.
Jeder Arzt sollte tun können, was er wirklich kann und (im
Interesse der Ökonomie) was wirklich notwendig ist. Eine
Qualitätssicherung, die Notwendiges definiert und Fakulta-
tives oder gar Obsoletes als nicht unbedingt solidarisch zu
finanzieren aufzeigt, schützt uns am ehesten vor Rationie-

rung. Schlimm wäre es, wenn die sich dem Wirksamkeits-
nachweis entziehende Paramedizin [360] Ressourcen der
gesetzlichen Krankenversicherung in Anspruch nehmen
würde, welche eines Tages benötigt würden, um Rationierung einer auf Qualitätssicherung basierenden Medizin zu
verhindern [170].

Es geht um die unkritische, nicht mehr zu fi-
nanzierende Leistungsausweitung in der Medizin. Beispielsweise arbeitet die Deutsche Gesellschaft für Kardiologie in
Anlehnung an die amerikanischen Fachgesellschaft Quali-
tätsstandards für die interventionelle Koronartherapie aus.
Basis ist eine Medizin aufgrund empirischer Resultate
(evidence-based medicine) und die Überwindung subjekti-
ver Urteile. (Zu den Kriterien der Qualitätssicherung für Klinik und Praxis in der Inneren Medizin s.
[215, 245, 246, 247, 269, 371].)

Aber auch bei der Nutzen-Kosten-Analyse von
gesicherten Behandlungsmaßnahmen wird die Frage nach
den künftig noch verfügbaren Ressourcen dringender und
ruft nach Grundlagen für sozialpolitische Entscheidungen
und konsensfähige Handlungsanweisungen im konkreten
Fall (s. hierzu [328]).

Beispiel: Die LIPID-Studie [329] konnte einen Nutzen von Pravastasin bei klinisch manifester koronarer Herzkrankheit nachweisen,
und dies unabhängig vom Cholesterinwert. Es müßten 1000 Patienten behandelt werden, um pro Jahr etwa 5 kardiale Todesfälle,
5 Myokardinfarkte und 5 koronare Bypassoperationen zu verhindern. Die Kosten wären erheblich: bei 1000 Patienten 2,4 Mio.
DM/Jahr und bei 1 Mio. Patienten 2 Mrd. DM/Jahr, was auch ein
Licht auf die Bedeutung einer frühzeitigen Primärprävention wirft.

Der Kontrollierbarkeit ärztlicher Handlungsspielräume stehen allerdings von Natur aus erhebliche Schwierigkeiten ins Haus. So ist medizinisches Wissen inkonsistent und kontrovers. Die Wissenschaft zielt auf Erwerb von Wissen, die (Heil-)Kunst bewährt sich in der Anwendung [27], was die Schwierigkeiten bei der Praktikabilität von Leitlinien, Richtlinien, Standards ahnen läßt [169, 172]. Deren Ambivalenz läßt an ein Wort von Max Weber denken, daß die industrielle Gesellschaft mit dem Fortschritt der Regelung vor allem an ihrer Bürokratie ersticken wird. Das Zeitalter wachsender Abhängigkeiten hat längst begonnen.

Eine andere Gefahr ist, daß sich Dogmatismus breit macht und daß Wissenschaftlichkeit und Sicherheit durch Hochrechnungen (Beispiel Metaanalysen) mehr vorgetäuscht werden, als sie tatsächlich vorhanden sind. (Zur Methodenkritik und Planung klinischer Studienprotokolle s. S. 139.)

Man muß darüber hinaus damit rechnen, daß die Fortschritte von Technik, Telekommunikation und Wandel der sozialen Ordnung in den medizinischen Alltag eingreifen werden: Selbstmedikation, Einfluß nichtärztlicher Ratgeber (z. B. Medien), kommerzialisierte (nichtärztliche) Diagnostik (z. B. Gendiagnostik, Labordiagnostik), kapitalintensive Privatisierung der medizinischen Ausbildung im Wettbewerb gegen ressourcenarme staatliche Institutionen.

6.12 Häufige Fehler und Fehlerquellen in der ärztlichen Entscheidungsfindung

1.   Zwei häufige Quellen von Fehlentscheidungen: nicht berücksichtigte Vortestwahrscheinlichkeit (Prävalenz, Litera-

turdaten, Erfahrung) und die nur flüchtige oder unterlassene Wahrnehmung von Beschwerden (Anamnese, Prädiktoren) und Symptomen sowie deren falsche, weil unlogische nicht plausible) Verknüpfung miteinander.

2. Der ungezielte Einsatz apparativer Methoden verrät den unerfahrenen Arzt und führt unweigerlich zu einer Vielzahl von vieldeutigen oder grenzwertigen Befunden, die ihrerseits wieder unnötigerweise differentialdiagnostische Überlegungen und Abgrenzungen herausfordern und den Blick auf die naheliegende Konstellation verstellen.

3. Zu weitreichende, aber unbewiesene Schlüsse stiften Verwirrung; demgegenüber sind enger umrissene Arbeitshypothesen (vorläufige Diagnosen) dem deduktiven Beweisschritt leichter zugänglich oder auch schneller widerlegt (falsifiziert). Hier gehört auch der (keineswegs banale) Erfahrungssatz: Häufige Krankheiten sind häufig (Sutton's law).

4. Unwissenheit schwankt zwischen Aktionismus (z. B. Maximaldiagnostik) und ängstlicher Unterlassung. Routinewissen und Entscheiden gemäß vorgegebener Standards denkt in eingefahrenen Geleisen (Schematismus) und verkennt leicht die individuelle Abweichung von der eingeschätzten Norm.

5. Einen erfahrenen Arztkollegen nicht um Rat zu fragen, zeugt von Eitelkeit, Borniertheit oder falschem Stolz. Beim Konsilium gilt: Incipiat junior medicus, concludat senior.

6. Vorurteile, Ideologien, gefühlsbetonte oder persönlichkeitsgebundene Auffassungen sind schlechte Ratgeber und kreieren nicht verantwortbare Entscheidungen. Nach Bleuler sucht das "autistisch-undisziplinierte Denken in der Medizin" nicht Wahrheit, sondern Erfüllung von Wünschen; zufällige Ideenverbindungen, vage Analogien, vor allem aber af-

fektive Bedürfnisse ersetzen an vielen Orten die im stren-
gen realistisch-logischen Denken zu verwendenden Erfah-
rungsassoziationen, und wo diese hinzugezogen werden,
ge- schieht es doch in ungenügender, nachlässiger Weise.
Zur alternativen Medizin s. [360].

7. Die Gleichsetzung von Diagnose und Krankheit verkennt
die vielfältige kausale Vernetzung von Krankheitsprozessen
und ihren therapeutischen Chancen.

8. Die Gleichzeitigkeit verschiedenartiger Krankheiten (Multimorbidität) erfordert vor Therapieentscheidungen eine
sorg-
fältige Analyse der Prognose im einzelnen und der geplan-
ten, oft konkurrierenden oder sich ausschließenden Behandlungsmaßnahmen.

9. Nicht immer sind sog. nichtchirurgische (instrumentelle
oder minimalchirurgische) Verfahren risikoärmer im Vergleich zum konventionellen chirurgischen Eingriff.

10. Entscheidungen müssen erläutert und gemeinsam mit dem
Patienten getroffen werden. Dissens kommt auf, wenn der
Patient die Nebenwirkungen und Risiken einer Therapie,
der Arzt hingegen deren Vorteile höher bewertet. Zum
medizinischen Paternalismus versus Patienten-Autonomie
s. [361].

11. Nicht alles, was machbar ist, soll gemacht werden; insbesondere dann nicht, wenn die Indikation zum invasiven Vorgehen empirisch umstritten ist (z. B. PTCA beim asymptomatischen Koronarkranken nach Myokardinfarkt; Endarteri-
ektomie der höhergradig stenosierten A. carotis interna
beim asymptomatischen Patienten).

Nach allem Gesagtem erklären sich Defizite
der ärztlichen Entscheidungsqualität u. a. aus Mangel an

vernetztem Wissen, durch Verletzung ethischer Grundre-
geln, aus Wissenschaftsgläubigkeit, aus der Überschätzung
technischer Mittel oder aus Profit- bzw. Geltungsstreben.

Beispiele rationaler Behandlungsziele (zu S. 144)

1. **Verhütung von Krankheiten (Primärprävention)**
   - Impfungen (z. B. Poliomyelitis, Hepatitis B,
     Lyme-Borreliose, HPV)
   - Antibiotikaprophylaxe (z. B. rheumatisches Fieber)
   - Malariaprophylaxe
   - Genetische Eingriffe?
   - Familienplanung

2. **Kausaltherapie (Heilung von Krankheiten)**
   - Exzision von Primärtumoren
   - Chemotherapie von Hodentumoren
   - Gezielte Antibiotikatherapie (z. B. Typhus, Tuberku-
     lose, Scharlach
   - Malariatherapie
   - Elimination von Parasiten
     (z. B. Giardia lamblia, Wurminfektionen)
   - Katheterablation akzessorischer Bündel
     (z. B. WPW-Syndrom)
   - Ausschaltung eines intrakraniellen Aneurysmas
   - Beseitigung einer entzündlichen Dickdarmstenose
   - Osteosynthese

3. **Symptomatische Therapiemaßnahmen (akut)**
   mit Verhütung von Akutkomplikationen
   - Schmerztherapie
   - Blutstillung

- Substitutionstherapie (z. B. Volumen, Kalium, Thrombozyten)
- Notfallmedizin (im allgemeinen)
- Thrombolyse
- Akutdiurese bei Lungenödem
- Karotisendarteriektomie nach transienter ischämischer Attacke
- Chirurgische Entfernung eines Bandscheibenprolaps
- Behandlung endokriner Krisen
- Antiemetika
- Neuroleptika bei akuten Psychosen
- koronare Angioplastie

4. **Symptomatische Therapiemaßnahmen (chronisch) mit Lebensverlängerung**
    - Herzklappenersatz
    - Künstlicher Herzschrittmacher
    - Organtransplantation
    - Künstliche Niere
    - Aortokoronarer Bypass
    - Adjuvante langjährige Hormontherapie (z. B. Tamoxifen bei Mamma-Ca.)
    - CHOP-Schema beim hochmalignen Non-Hodgkin-Lymphom
    - Arterielle Angioplastie
    - Implantierbarer elektrischer Defibrillator
    - Immunsuppression bei Autoimmunopathien
    - Antihypertensive Therapie (z. B. ACE-Hemmer)
    - Antikoagulation bei Thrombophilie
    - Hormonsubsitution (z. B. bei NNR-insuffizienz)
    - Antiepileptische Therapie
    - Kardiovaskuläre Sekundärprävention

    z. B. Betablocker, ASS)
- Lipidsenkende Pharmaka (CSE-Hemmer)

5. Symptomatische Therapiemaßnahmen zur Leidensminderung

- Gelenkersatz
- Psychopharmaka
- Gesprächstherapie (z. B. bei Phobien, Panikattacken)
- Sauerstoffapplikator bei pulmonaler Insuffizienz
- Gallenstein-, Nierensteinzertrümmerung
- H_2-Blocker bei Refluxkrankheit
- Zahnprothetik
- Kosmetische Eingriffe
- Budesonid bei M. Crohn
- Palliativmaßnahmen in der Tumortherapie
- Lokoregionale Chemotherapie nichtoperabler Tumoren
- α-Liponsäure (diabet. Polyneuropathie)
- Prostaglandin E_1 bei AVK

6. Rational begründete Therapiemaßnahmen mit Aussicht auf Erfolg

- Kombinationstherapie bei HIV-Infektion
- Immunsuppression bei chronischer Myokarditis
- Interferon--Therapie bei Hepatitis B und C
- Thrombozytenaggregationshemmer bei inoperablen art. Stenosen
- Hyperthermie (regional oder systemisch) bei Tumoren (fakultativ)
- Migräneprophylaxe
- Prostazykline bei primär pulmonaler Hypertonie
- Künstliche Befruchtung

- Adjuvante Chemotherapie nach lokaler Tumorent-
  fernung
- Vasodilatanzien bei chronischer Herzinsuffizienz
- Östrogene bei Osteoporose
- Lipaseinhibitor (Orlistat) bei Adipositas
- Koronare Stentimplantation zur Verminderung
  der Restenoserate

7. Therapiemethoden in Entwicklung

- Malariaimpfung
- Genetische Eingriffe (z. B. bei Chorea Huntington)
- Künstliches Herz (z. B. linksventrikulär vor
  Transplantation)
- Cholinesterasehemmung bei Alzheimer-Demenz
- Impfung gegen HIV-Infektion mit Virushüllproteinen
- Impfung gegen Helikobakter mit Antikörpern gegen
  Adhäsine
- Neurotransplantation bei Parkinson-Krankheit
- Xenotransplantation
- Kehlkopftransplantation
- Antileukotriene in der Asthmabehandlung
- Immuntherapie mit Zytokinen beim Nierenzell-
  karzinom
- Antizytokine bei rheumatoider Arthritis
- Katheterablation von Vorhofflimmern
- Nukleosidanaloga (Lamivudin, Famciclovir)
  bei Hepatitis B
- Ribavirin (Guanosinanalog) bei Hepatitis C
- Serotoninagonisten bei Migräne
- Neuraminidasehemmer als antivirale Substanzen

8. Fragwürdige, wenngleich gängige Therapiemethoden

- Humanalbumin bei Hypovolämie, Verbrennungen, Hypalbuminämie
- Hormonsubstitution als Sekundärprävention bei Frauen mit KHK
- Hochdosis-Chemotherapie beim metastasierenden Mammakarzinom
- Tamoxifen zur Primärprävention des Mammakarzinoms
- Depotkortikosteroide bei Pollinosis und Asthma bronchiale
- Antibiotika bei akuter Sinusitis
- Vitamine zur Prävention von Infektionen und Arteriosklerose
- Homöopathika, Thymusextrakte in der Tumortherapie

7 Angst und Krankheit

7.1 Angst als Daseinserfahrung des Menschen

Die Philosophen dieses Jahrhunderts haben in besonderer
Weise über Phänomene wie Angst, Sorge, Verzweiflung und
Schuld reflektiert.

Kierkegaard stellt Angst in Beziehung zum
Bewußtsein. Sobald der Mensch sich seiner Möglichkeiten
bewußt wird, steht er im Konflikt von Gut und Böse und ihren unendlichen Schattierungen von Scheitern, von Hoffnung und Vergeblichkeit. Hier kann Freiheit gewonnen und
damit das Selbst verwirklicht werden. Aber wer sein Selbst
entfaltet, muß sich Widersprüchen stellen und sich gegen
Widerstände wehren, auch gegen die scheinbar wohlgeord-
neten und sicheren Verhältnisse, in denen er vielleicht bisher gelebt und selbstverständlich gedacht hat. Angst vor
dieser Freiheit bedeutet geistige und seelische Stagnation.
Es ist der Zustand von Verschlossenheit, Sprachlosigkeit
und Kommunikationsunfähigkeit. Streift er die entfremde-
ten Formen des Selbst nicht ab, kann er krank werden. Das
Mittel, der Angst durch Freiheit (Geist) Herr zu werden,
sieht Kierkegaard nur im christlichen Glauben [140, 20].

Bei Heidegger entspricht Angst einer Stimmung (Verstimmung) des "Nicht-zuhause-sein", in der der Mensch in die "alltägliche Öffentlichkeit des Man" flüchtet und verfehlt, sich selbst zu sein [148]. Die Angst als Grundbefindlichkeit des Menschen stellt ihn vor das Nichts.

Der Theologe Paul Tillich unterscheidet in seinem Werk *Mut zum Sein* drei Typen der existentiellen Angst als Gewahrwerden einer dreifachen Bedrohung: der des Schicksal und des Todes, der der Leere und des Sinnverlustes und der der Schuld und Verdammnis [141].

"Der Mut zur Angst", sagt Jaspers, "und ihre Überwindung ist Bedingung für das echte Fragen nach dem eigentlichen Sinn und für den Antrieb zum Unbedingten. Was Vernichtung sein kann, ist zugleich der Weg zur Existenz".

Im Blick auf Angst als mögliche Grundbefindlichkeit des Daseins sagt der Philosoph U. Hommes:

Wir dürfen nicht einfach in der Angst die eigentliche Erschlossenheit von Sein sehen, wie uns das in der neueren Philosophie immer wieder nahegelegt wird. Es wird schon so sein, daß der Mensch sich im Grunde seines Daseins ängstigt. Aber ebenso gilt, daß der Mensch im Grunde seines Seins hofft. Und dann ist es die entscheidende Frage, ob Sich-ängstigen-müssen auf der einen Seite und Hoffen-können auf der anderen uns in gleicher Weise erschließen, was wirklich ist; ob nicht im Hoffen etwas ist, das weiter reicht, und daß deshalb auch in jeder Angst noch ein Hinweis zu finden ist auf Hoffnung, auf Erwartung, ein Hinweis, der den Schlüssel abgeben könnte für den Versuch, Angst als Zeichen der Endlichkeit ernst zu nehmen ... So ist Angst also zwar Ausdruck von

Begrenztheit und Vergänglichkeit, aber zugleich Ausdruck von Hoffnung und Verlangen. [166]

Oder, wie es Kafka an seine Verlobte geschrieben hat: "Allerdings ist diese Angst vielleicht nicht nur Angst, sondern auch Sehnsucht nach etwas, was mehr ist, als alles Angsterregende." - Hoffnung richtet auf, Hoffnungslosigkeit zieht nieder (Hartmann [174]). Oder auch: "Hoffnung ersäuft Angst" (Bloch [147]).

Aus ärztlicher Sicht hat jedes Angsterleben einen mitweltlichen und mitmenschlichen Hintergrund. Diese soziale Einbindung erklärt auch die zentrale Bedeutung, die einer verletzten, bedrohten oder entwürdigten mitmenschlichen Beziehung bei weitgehend allen Ängsten zukommt, wie der Psychiater F. Strian in seiner thematisch umfassenden Monographie festhält.

Danach scheint es, daß sich Ängste um so mehr ausweiten und nicht mehr bewältigt werden können, je mehr ihnen eine aktuelle oder lebensgeschichtliche Bedrohung kommunikativer Strukturen zugrunde liegt. Entsprechend lassen sich die behandlungsbedürftigen Ängste um so eher in den eigenen Entscheidungs- und Bewältigungsspielraum zurückführen, je offener und entschiedener Anteilnahme und soziale Zuwendung im therapeutischen Prozeß sind [139].

Gedanklich nahe hierzu formuliert die Züricher Therapeutin Verena Kast in ihrer lesenswerten Abhandlung *Vom Sinn der Angst*:

Würden wir uns der Angst mehr stellen, dann bekämen wir mehr Zugang zu dem, was verändert werden muß, aber auch zu dem, was uns Halt und Freude gibt. Damit würden wir wieder selbst werden, mehr mit unseren Gefühlen verbunden, damit würden auch unsere mitmenschlichen Beziehungen wieder echter und damit lebendiger. [142]

7.2 Klinik der Angst

In der klinischen Differenzierung von Angst hat es sich bewährt, zwischen "angemessener" und "pathologischer" Angst zu unterscheiden. Angst als notwendige, auf Vermeidung, Schutz und Bewältigung gerichtete Aktivierungsreaktion gegenüber realen Bedrohungen und somit als unabdingbare existentielle Erfahrung des Menschen läßt sich in ihren Erlebnis- und Erscheinungsfromen nicht immer eindeutig von pathologischer Angst trennen. Die Ängste vor operativen Eingriffen und Prüfungen oder in Konflikt- und Katastrophensituationen sind durch ähnliche Erlebnis- und Verhaltensweisen gekennzeichnet.

Die Erscheinungsformen pathologischer Angst lassen sich daher zumeist nicht aus der unmittelbaren Angstreaktion selbst, sondern nur aus der Diskrepanz von Intensität und Dauer des Angsterlebens gegenüber den zugrundeliegenden Bedrohungen oder aus dem Fehlen unmittelbarer Bedrohungsbedingungen erkennen [139].

7.3 Somatoforme Störungen

Die alltägliche Erfahrung lehrt uns: Fast alle körperlichen Erkrankungen wirken sich irgendwie psychologisch aus (z. B. durch Schmerzen, Infektionen, Intoxikationen, als Folge endokriner Krisen, bei einem Sauerstoffmangel oder bei einem plötzlichen Blutdruckabfall). Umgekehrt können Angstempfindungen sich auch auf körperliche Zustände auswirken. Hier erwächst in Krankheiten manchmal ein Circulus vitiosus.

Individuelle Persönlichkeitsstruktur (Selbstunsicherheit, Hypochondrie) und lebensgeschichtlicher Hintergrund formen schließlich die Matrix, auf deren Material sich die Choreographie des Krankseins, speziell der Angst und deren Bewältigung, in der Zeit entfaltet.

Einfühlbar ist die Empfindung von Angst bei lebensbedrohlichen Zuständen (z. B. bei starken Schmerzen im Verlaufe eines Herzinfarktes, bei einem Kreislaufkollaps); hingegen werden chronische Leidenszustände (z. B. Atemnot bei Asthmatikern oder Herzkranken) oft ohne begleitende Angst erlebt.

Auf der anderen Seite erleben herzgesunde Menschen, nicht selten konfliktkonditioniert, selbst harmlose Zustände beispielsweise von vorübergehendem Herzstolpern als sog. Herzangst, Infarktangst oder in Form der Herztodhypochondrie. Diese sog. Herzneurose gilt als klinische Modellstörung für Patienten mit somatoformer Störung. Häufig, wenngleich nicht obligat, ist dieser Zustand mit Schweißausbruch, Beklemmungsgefühl, Atembeschwerden verknüpft; auch Mundtrockenheit, Zittern, Kribbelgefühle an den Händen und im Gesicht werden geschildert.

Von Claudel gibt es den bezeichnenden Satz: "Von allem, was der Geist durch das Mittel der Sinne erfährt, nimmt das Herz Kenntnis." Im Detail unterscheidet der psychosomatisch kundige Arzt mehrere voneinander unterscheidbare, psychogen (angst-)vermittelte Funktionsstörungen des Herzens:

- die Herzphobie (syn. Herzneurose, heart consciousness). Häufiger Beweggrund ist die Trennungsangst. Folgender

Ausspruch eines Patienten macht dies deutlich: "Wenn ich
Angst habe und meine Frau ist zugegen, braucht sie mich nur
in den Arm zu nehmen, und alles ist gut";

*   die konfliktkonditionierte Auslösung von Herzrhythmusstö-
    rungen (z. B. bestimmten Formen von anfallsweisem Herzra-
    sen);

*   herzbezogene Beschwerden als somatisches Äquivalent einer
    larvierten Depression (das sog. Mattigkeitssyndrom);

*   die Koinzidenz von Persönlichkeitsstruktur (einerseits) und
    der Disposition zum Myokardinfarkt (andererseits), und
    zwar mit den typisierbaren Komponenten:

    - getriebene Form der Lebensweise,

    - Ungeduld,

    - impulsive Reaktionsformen,

    - zwangshaftes Streben nach Erfolg
      und sozialerBilligung;

*   die akute (natürliche), adrenerg vermittelte Streßreaktion im
    Gefolge seelischer Erregung oder körperlicher Belastung
    ("Das Herz schlägt mir bis zum Halse").

In der ICD-Klassifikation (WHO) wird die sog.
Herzneurose als Panikstörung (episodisch paroxysmale
Angst), als generalisierte Angststörung oder als gemischte
Angststörung (z. B. Angst mit Depression) bezeichnet. Die
Häufigkeitsangaben schwanken bis zu 12%, die Altersspan-
ne liegt zwischen 20 und 40 Jahren, also außerhalb des Alters-
gipfels von organischen Herzkrankheiten. Die Mehrzahl der
Patienten mit funktionellen Herzbeschwerden leiden an
Angstattacken.

Psychodynamisch gesehen projizieren die Patienten ihre angstbesetzte Selbstunsicherheit und Versagens-
angst auf die Herzfunktion im Sinne ihres möglichen Versa-
gens.

Eine historische Variante ist der Begriff "Soldatenherz" (syn. Effortsyndrom); es handelt sich um eine Form von "Kreislaufschwäche mit Müdigkeit und Herzklopfen" auf dem Schlachtfeld bei denen, die keine Helden sein wollen.

Ein anderes Beispiel einer somatoformen Störung ist die *Klaustrophobie* (Platzangst): Im Flugzeug, bei Menschenansammlungen, in engen Räumen, beim Friseur oder an Warteschlangen erlebt oder zumindest beobachtet man nicht selten Anfälle von Angst, begleitet von Schweißausbruch bis hin zum Kollaps mit kurzer Bewußtlosigkeit (als sog. synkopaler Anfall); diese Attacken werden dem Symptomenkreis der Phobien zugeordnet. Es ist eine Angst, sich auf Plätzen oder in Situationen zu befinden, aus denen man schwierig flüchten kann oder wo im Notfalle keine Hilfe verfügbar ist.

Als angstkonditionierte somatoforme Störungen gelten ferner:

- die funktionelle Dyspepsie; dazu zählen die gastroösophageale Refluxkrankheit, der sog. Ulkustyp, Störungen der Darmmotilität (z. B. vorzeitiges Sättigungsgefühl) und die Aerophagie (postprandiales Luftaufstoßen);
- das irritable Kolon;
- das chronische Müdigkeitssyndrom;
- die Fibromyalgie und schließlich
- psychogene Eßstörungen.

Darüber hinaus gelten eine Reihe internistischer Erkrankungen als psychosozial (angstkonditioniert) mitverursacht: die Koronarkrankheit, die Ulkuskrankheit, chronisch-entzündliche Darmerkrankungen, die essentielle Hypertonie, das Asthma bronchiale u. a.

7.4 Der Begriff "Lebensqualität"

Wer sich gesund, zufrieden oder sogar glücklich mit sich und mit seiner Umgebung wähnt, wem seine Hoffnungen und Erwartungen in Erfüllung zu gehen scheinen, den beschwert keine Angst; ihm ist eine hohe Lebensqualität zuzuschreiben. Dagegen machen solche Empfindungen, die die Befindlichkeit des Menschen einschränken, die Angst auslösen, sie begleiten oder ihr folgen, eine verminderte Lebensqualität aus.

Unabhängig von Gesundheit und Krankheit müßte Lebensqualität also dort zu finden sein, wo der persönliche Entwurf nach einem "gelingenden Leben" - um einen Begriff des Münchner Philosophen Spaemann zu gebrauchen - bewußt gewollt und auch vollzogen wird.

Hierher gehört dann auch, daß Alter , Krankheit, Schmerzen, chronisches Leiden, unsichere Zukunftserwartungen usw. trotz ihrer negativen Einschätzung in einem "stimmigen Lebensentwurf" einen qualitativ ganz anders konfigurierten, nämlich einen weniger angstbesetzten Raum einnehmen können.

Die Fragen nach der Zufriedenheit mit dem Leben im allgemeinen sind in der internationalen Forschung immer wieder gestellt worden. Die Kategorie der Lebensqualität wurde schließlich zur Formel für einen mehrdimensionalen Wohlfahrtsbegriff und zielt vornehmlich auf die individuelle Wohlfahrt im Sinne von beobachtbaren Lebensverhältnissen einerseits und der subjektiv bemessenen und geäußerten Lebenszufriedenheit andererseits [128].

Auf ärztliche Entscheidungen bezogen, steht der Begriff der "Lebensqualität" in engem Zusammenhang mit einer stärkeren Bewertung von Nutzen und Risiko, von Erfolgsaussicht und Belastung des Patienten. Damit gewinnen in der Hochleistungsmedizin, etwa bei Organtransplantationen, besonders aber in der Onkologie, Fragen der Zukunftserwartung nicht nur unter dem Gesichtspunkt der Lebensdauer, sondern besonders im Hinblick auf das *Wie* des Lebens, einer dem eigenen Lebensentwurf entsprechenden Daseinsausfüllung, besonderes Gewicht.

Mit diesem personalen Bezug stellt sich im Zusammenhang mit den ärztlichen Entscheidungsprozeduren die Frage, ob alles das, was medizinisch machbar ist, auch sinnvoll ist, und zwar jeweils aus der individuellen Perspektive des Betroffenen beurteilt.

Dies bedeutet, daß neben den herkömmlichen Zielkriterien wie:

Letalität,
Komplikationsrate,
Überlebenschance,
Labordaten

auch nach der *Befindlichkeit* des Patienten im Umfeld seiner medizinischen Betreuung gefragt wird. Jeder von uns weiß selbstredend, daß der herkömmliche Typus des "guten Arztes" schon immer als einfühlender Berater und Begleiter seiner Patienten gewirkt hat und dessen individuelle Lebenslage - sprich: Lebensqualität - im Auge hatte. Hierher gehört auch die für die juristisch gebotene Aufklärung des Patienten erforderliche Sensibilität. Auf den ersten Blick sieht es also so aus, als ob der Begriff "Lebensqualität" etwas beinhaltet, was schon immer Zielpunkt ärztlicher Ethik war und uns dann wahrlich nicht mehr als mit einem neuen Schlagwort beschäftigt.

Im traditionell philosophischen Denken listet die Kategorie "Qualität" subjektive Phänomene auf wie Empfindungen, Emotionen, Stimmungen; ferner moralische, ästhetische und religiöse Werte, auch Sinn- und Sinnlosigkeitserfahrungen, Erlebnisse von Zweckmäßigkeit und Zufall wie auch den Wertcharakter von sozialen Beziehungen [129].

In der Literatur finden wir den Begriff "Lebensqualität" wohl erstmals als "qualitas vitae" bei Seneca in seiner Schrift *Vom glückseligen Leben* (De vita beata) aus dem Jahre 58 n. Chr. Bei Epikur umfaßt der Begriff "Glück" zweierlei: die Schmerzlosigkeit des Körpers und die Ungetrübtheit der Seele [143]. In der Bejahung des Daseins heißt Leben Glücklichsein, was dann bedeutet, daß die Rede vom glücklichen Leben eine Tautologie ist [7]. In der *Kritik der praktischen Vernunft* [63] formuliert Kant, daß Glückseligkeit nicht oberstes Gut, sondern nur die bedingte, aber doch notwendige Folge von Sittlichkeit sei.

Hippokrates weist der Heilkunde mindestens drei Komponenten zu: die Krankheit, den Kranken und den Arzt. Beiden Personen obliegt es, die Krankheit *gemeinsam* zu bewältigen. Über den erfahrungswissenschaftlichen Anspruch hinaus kommen in der Krankheit also schon in der Antike individuelle Bewältigungsstrategien ins Spiel, die sich einer streng objektiven, quantifizierbaren, gruppenvergleichenden Bewertung entziehen oder zumindest auf enorme methodische Schwierigkeiten stoßen.

Der Arzt F. Hartmann formuliert Lebensqualität als einen pragmatischen Begriff, der weit über ärztliches

Leistungsvermögen und Patient-Arzt-Beziehung hinausgeht. Ohne Zweifel ist er zwischen Gesundheit und Glück angesiedelt. Jede krankheitsbedingte Einschränkung von Leistungsfähigkeit als Minderung von Lebensqualität zu bewerten hieße jene Kräfte unberücksichtigt zu lassen, die z. B. chronisch Kranke fähig machen, trotz Behinderungen, Schmerzen, Leistungseinschränkungen, Sorgen glücklich zu sein, ihr Leben als gelingend zu bewerten, sich als freie Menschen zu fühlen, Würde zu bewahren [130].

Bemerkenswert ist in diesem Zusammenhang ein jüngst publiziertes Umfrageergebnis der University of Cincinnati (Ohio) an 400 Krankenhauspatienten, die 80 Jahre und älter waren: Zwar hielten nur 30% den eigenen Gesundheitszustand für sehr gut, doch würden über zwei Drittel der Befragten lieber länger als gut leben. Interessanterweise waren die Angehörigen der Befragten der umgekehrten Meinung, nämlich eher eine verkürzte Lebenserwartung als Preis für besseres Befinden zu akzeptieren. Man muß daraus schließen, daß Entscheidungen über einschneidende Maßnahmen unbedingt vom Betroffenen selbst zu erfragen sind [187, 361].

Schölmerich [127] führt folgende Gründe für das große Interesse an, das der Begriff Lebensqualität derzeit in der Medizin findet:

- Wandel im Krankheitspanorama mit Verminderung akuter und Überwiegen chronischer Leiden, bei denen das Therapieziel weniger Heilung als Leidensminderung sowie die Bewältigung (coping) der Einschränkungen sei;
- Weiterentwicklung diagnostischer und therapeutischer Erfahrungen, die auf der einen Seite zu einer höheren Effektivität geführt haben, aber auch mit einer größeren Aggressivität verbunden sind.

Nach der Definition von Bullinger und Pöppel [131] bezieht sich Lebensqualität in einer elfstufigen Skala auf die emotionalen, funktionalen, sozialen und physischen Aspekte menschlicher Existenz. Diese Komponenten umfassen im wesentlichen:

- das psychische Befinden des Patienten (z. B. Angst, Depression),
- seine Funktions- und Leistungsfähigkeit in verschiedenen Lebensbereichen (z. B. Beruf, Haushalt, Freizeit),
- die Anzahl und Güte der Beziehungen zu anderen Menschen (z. B. Ehepartner, Familie, Freunde, Kollegen),
- die körperliche Verfassung des Patienten (z. B. Gesundheit, Beschwerden).

Man muß zunächst einmal davon ausgehen, daß Lebensqualität als *subjektive* Kategorie nicht objektiv meßbar, wenngleich erfaßbar ist. Wenn beispielsweise Hoffnungen und Erwartungen einer Person in ihrer Erfahrung erfüllt werden, besteht sinngemäß eine hohe Lebensqualität; Anspruchsdefizite dagegen mindern die Lebensqualität, im materiellen, im körperlichen wie im psychischen Bereich. Hier ist eine individuelle Norm angesprochen, die - entsprechend dem individuellen Grad des Wohlbefindens - als Index bewertet werden kann und auf diesem Wege einer quantitativen Bewertung zugänglich ist [133, 134]. In der medizinischen Forschung, speziell in der Onkologie, wird Lebensqualität als zusätzliches Outcome-Kriterium verwendet und entsprechend pragmatisch operationalisiert. (Zur Methodenkritik der Erfassungsinstrumente s. [132, 151, 152, 367].)

Die für die Bundesrepublik Deutschland erfaßten Zahlenwerte finden sich in der von Glatzer und Zapf
[128] edierten Studie über die objektiven Lebensbedingungen und das subjektive Wohlbefinden niedergelegt. Die Zufriedenheit mit der Gesundheit beträgt dort auf der elfstufigen Skala im Durchschnitt 7,3; bei stark Beeinträchtigten
nur noch 5,5 - was erwartungsgemäß zum Ausdruck bringt,
daß Erkrankungen eine schwerwiegende Minderung des individuellen Wohlbefindens darstellen können.

Daß die *Verarbeitungs- und Bewältigungsstrategien* des Patienten das aus Krankheit und Behandlungsmethoden resultierende Befinden und seine Ängste wesentlich beeinflussen, ist eine alltägliche Erfahrung. Sie reichen
von der Hoffnung auf Besserung und Heilung bis zur produktiven Kraft der Verzweiflung oder dumpfen Angst; sie
bedienen sich der verschonenden Verdrängung, folgen dem
inneren Bild der Selbstachtung, Würde und Gelassenheit bis
hin zur stillen Ergebenheit in das unabwendbare Krankenschicksal.

Unter dem Schlagwort "Krankheitsbewältigung" - im Amerikanischen "coping" - sind Prozesse der Verarbeitung von Krankheit,
z. B. einer Krebserkrankung, standardisiert beschrieben worden.
Sie laufen auf zwei Grundeinstellungen hinaus, die jedem Laien
geläufig sind: Entweder die Patienten kämpfen, oder sie geben
auf. Empirische Untersuchungen zeigen übereinstimmend, daß
Patienten, die aktive Bewältigungsstile einsetzen, ihre Erkrankung
wie auch ihre diesbezüglichen Ängste besser bewältigen und
möglicherweise (durch klinische Studien nicht belegt) sogar länger leben als solche, die sich selbst aufgeben [135, 159].

Die Empfehlung zu einem aktiven, kämpferischen Bewältigungsverhalten ist eines der wenigen relativ unbestrittenen Ergebnisse der psychosozialen Forschung im Bereich der Krebserkrankung. So wichtig solche Haltungen in bestimmten Situationen auch sind, der Versuch, Leiden zu bekämpfen, darf nie aus dem Auge verlieren, daß dem Leiden wesensmäßige Aspekte der Ohnmacht innewohnen, deren Verleugnung zu einem Fortschrittsmythos führt, der mit Durchhalteparolen die tatsächliche Lebenslage wie auch die verdrängten Ängste totschweigen muß. Man kann sich gut vorstellen, daß sich für die Psychoonkologie hier ein ganz neues Betätigungsfeld erschließt.

Bemerkenswert ist aber doch, daß Stichproben von *ehemals* Krebskranken (z. B. nach Ösophagektomie [136]) oder von Herztransplantierten eine hohe Lebenszufriedenheit bei etwa 80% der Patienten ergaben, ein Anteil, der noch über dem der Durchschnittsbevölkerung liegt. Was nämlich die Normalbevölkerung als belastend und angstbesetzt erlebt, spielt bei chronisch Kranken oft eine geringere Rolle: beispielsweise Finanzen, Status, Erfolg. Bei chronisch Kranken rangiert hingegen Partnerschaft an erster Stelle [153].

Und eine Befragung älterer Patienten unter den Bedingungen der Dauerdialyse an drei Münchner nephrologischen Zentren ergab bei der Mehrzahl eine positive Antwort; allerdings wollten sich immerhin 14 der 100 Patienten nicht wieder für diese Form der Nierenersatztherapie entscheiden. Besonders auffällig war der Anteil alleinstehender Frauen in dieser "Negativgruppe" [137].

Schon die allgemeine Lebenserfahrung macht deutlich, daß die Struktur der individuellen Patientenpersönlichkeit und seine sozialen Bindungen neben dem medizinischen Behandlungsergebnis die Bewältigung seiner Krankheit determinieren. Beispielsweise wird die "Stomaakzeptanz" (Anus praeter bei entzündlichen und malignen Darmerkrankungen) von einem komplexen Faktorengeflecht beeinflußt:

- vom präoperativen Leidensdruck,
- vom Alter,
- von Persönlichkeitsmerkmalen,
- von lokalen Stomakomplikationen,
- von der Mitgliedschaft in einer Selbsthilfegruppe u. a. [138].

In den Entscheidungsprozeduren der praktischen Medizin zielt das Bewertungskriterium Lebensqualität darauf ab, neben den objektiven Erfolgsaussichten einer diagnostischen oder therapeutischen Methode deren *Zumutbarkeit* abzuschätzen. In diesem Sinne haben die klassischen handlungsleitenden Prinzipien der medizinischen Ethik auch im Zeitalter der naturwissenschaftlich weiterentwickelten Medizin in keiner Weise an Bedeutung verloren. Ärztliche Leitformeln wie

- Salus aegroti suprema lex,
- Nil nocere,
- Bonum facere,
- Informed consent

gewinnen unter dem Aspekt der Nutzen/Risiko/Schaden-Abwägung in neuer Verbindung mit dem individuellen Nutzen und dem Zuwachs an Wohlbefinden, den der Patient aus der ärztlichen Handlung erlangt, eine neue Perspektive.

Zu den unproblematischen Entscheidungen gehören zahlreiche ärztliche Behandlungsmethoden, die darauf abzielen, akute Leidenszustände zu beseitigen oder zu mildern, die auf diese Weise eine akute schwere Beeinträchtigung des individuellen Wohlbefindens unzweideutig günstig beeinflussen. Dazu zählen alle *akuten Schmerzzustände* (z. B. eine Nierenkolik, eine akute Pankreatitis, ein akuter Gliedmaßenarterienverschluß bis hin zum "bösen Zahn"), verschiedenartige *akute Infektionskrankheiten* (z. B. der Brechdurchfall durch eine Nahrungsmittelinfektion, eine akute Pleuritis, ein akuter Harnweginfekt, eine akute Meningitis), ferner zahlreiche *attackenförmig auftretende Krankheitszustände* (z. B. akute Herzrhythmusstörungen, der akute Angina-pectoris-Anfall, ein Krampfanfall, ein akutes Bronchialasthma) wie auch zahlreiche andere therapeutisch durchweg erfolgreich zu behandelnde *lebensbedrohliche Krankheiten* (z. B. die akute Appendizitis, der akute Myokardinfarkt, eine Lungenembolie). Unzweifelhaft wird in allen diesen Bereichen das Wohlbefinden des Patienten in den meisten Fällen eine durchgreifende Besserung erfahren.

7.5 Die individuelle Mitentscheidung des Patienten

Darüber hinaus verbleiben medizinische Problemfelder, bei denen die ärztliche Entscheidung ganz wesentlich von der individuellen Entscheidung des Patienten in Hinsicht auf die zu erwartende, oft unsichere Verbesserung seiner Lebensqualität mitgetragen werden muß (Beispiel: Implantation eines elektrischen Defibrillators) oder in anderen Fällen die Behandlung mit ihren unerwünschten Nebenwirkungen in das Leben des Patienten eingreift (Beispiel: Organtransplantation) und wie in der Onkologie sein Wohlbefinden vorübergehend oder z. B. als Bestrahlungsfolge dauernd beeinträchtigt. Ferner gibt es Grenzsituationen, in denen der irrationale Hilfswille des Arztes mehr als seine rationale Einschätzung von Nutzen und Risiko herausgefordert wird.

Zur Problematik der individuellen Mitentscheidung des Patienten s. [361].

Beispiel: Genomanalyse bei Erbkrankheiten

Molekulargenetische Untersuchungen ermöglichen es heute, Trägern von Nichtträgern in mit Erbkrankheiten belasteten Familien (z. B. familiäre Krebshäufung, familiäre Alzheimer-Erkrankung, Chorea Huntington) zu trennen. Diese Verfahren sind besonders dort von Bedeutung, wo die Erbkrankheit erst im Erwachsenenalter, manchmal sogar erst in der zweiten Lebenshälfte manifest wird.

Das zuerst von Huntington im Jahre 1872 beschriebene Nervenleiden wird aufgrund eines monogenetischen Defektes (CAG-Wortwiederholungen - Trinukleotid-Repeats - auf dem Gusella-Abschnitt [149]) am kurzen Arm des Chromosoms 4 autosomal-dominant vererbt.

Die Erkrankung selbst beginnt meist zwischen dem 20. und 50. Lebensjahr. Im fortgeschrittenen Stadium der Erkrankung führt eine allgemeine Hirnatrophie und eine solche spezieller Hirnanteile (Neostriatum, Nucleus caudatus, Putamen) zu einem zunehmenden Persönlichkeitsabbau und zu einer fortschreitenden Demenz, begleitet von einer Bewegungsunruhe im Sinne von Hyperkinesen. Die Diagnose wird mit Hilfe des klinischen Bildes, bildgebender Verfahren des Gehirns und der Genomanalyse gestellt.

Für die noch asymptomatischen Familienmitglieder ist nun von entscheidender Bedeutung, ob sie und ggf. Nachgeborene Träger dieser Krankheit sind und damit mit einem leidvollen Schicksal rechnen müssen oder nicht. Doch nur ein Bruchteil der Risikopatienten nimmt Kontakt mit einer humangenetischen Beratungsstelle auf. Etwa die Hälfte der Ratsuchenden verzichtet nach einem intensiven Gespräch und nach Aufklärung über eine heute noch nicht breit verfügbare Gentherapie auf den Gentest [331].

In einer Studie der University of British Columbia, Vancouver (Kanada), wurden die psychologischen Auswirkungen eines gentechnologischen Vorhersagetests auf die potentiell betroffenen Familienmitglieder erfaßt. Verständlicherweise wirkte sich ein negatives Testergebnis bei den Nichtträgern der Erbkrankheit günstig auf das Wohlbefinden (sprich: Lebensqualität) aus; aber auch die nunmehr als Träger dieser unheilvollen Erkrankung erfaßten Personen erlitten in Begleitung einer intensiven psychologischen Beratung durchweg keinen Einbruch ihres Stimmungszustandes. Vielmehr schien der Befund eine bislang vorherrschende Erwartungsangst zu beseitigen, die nunmehr durch das Bewußtsein eines zu planenden Lebensablaufs (einschließlich Familienplanung) ersetzt wurde.

Das in der Studie geschilderte Erscheinungsbild der Betroffenen erinnert an die "Kraft des positiven Denkens" wie auch an die kämpferischen Bewältigungsstrategien, die für die nordamerikanischen Gesellschaft so typisch zu sein scheinen (coping, s. oben).

Diese für die moderne Medizin typische Problematik macht eindrucksvoll auf eine Nahtstelle zwischen naturwissenschaftlicher (molekularer) Medizin und sensibler ärztlicher Beratung wie auch auf die Ambivalenz von Fortschritt (s. Kap. 5) aufmerksam. Erwartungsangst, vergebliche Hoffnung auf "genetische Gesundheit" und Bewältigung der düsteren Prognose beinhalten alle Komponenten einer Daseinskrise für den Betroffenen.

Eine ähnliche Problematik ergibt sich bei der Einbeziehung von onkologischen Patienten (informed consent) vor der Durchführung therapeutischer Studien [171, 205, 361].

Aus der Not geboren entstehen dann Initiativen, z.B. als organisierte Selbsthilfegruppen, um die Belange und Nöte aller Betroffenen gemeinsam zu erörtern, solidarisch sich gegenseitig zu helfen und praktische Erfahrungen auszutauschen [150]. Die Bemühungen der naturwissenschaftlich geprägten Medizin um die Rehabilitation und langzeitliche Betreuung beispielsweise von Behinderten halten sich, von wenigen Ausnahmen abgesehen, in engen Grenzen und beschränken sich typischerweise auf die Behandlung von Akutsituationen (z. B. Infektionen, Krampfanfälle). Im Gegensatz dazu erweisen sich die Regularien der deutschen Sozialpolitik und Sozialgesetze gerade hier als wirkungsvolle Stützen der Betroffenen in ihrer wahrlich mißlichen Lebenslage.

Eine eigene Problematik beinhaltet die *Palliativmedizin*. Sie wird definiert als die Behandlung von Patienten mit aktiver, progressiver, weit fortgeschrittener Erkrankung und einer begrenzten Lebenserwartung, für die das Hauptziel die Besserung der Lebensqualität ist [332]. Sie ist keine Sterbehilfe oder Euthanasie, sondern Lebenshilfe im letzten Abschnitt des Lebens und bietet umfassende Symptomkontrolle, insbesondere interdisziplinäre Schmerztherapie. Psychologische und spirituelle Dienste sind in einem ganzheitlichen Konzept integriert. Zur Aufnahme kommen derzeit meist Tumorpatienten und Aids-Kranke. (Zur Sterbebegleitung s. Kap. 8.)

7.6 Ärztliche Entscheidungen auf der Intensivstation

Abseits allen medizinischen Fortschritts zeigt sich in jüngster Zeit doch eine zunehmende Skepsis breiter Bevölkerungsanteile gegenüber einem "Zuviel an Technik" und gegenüber einer - angeblich inhumanen - "Machermentalität vieler Ärzte und Gesundheitstechniker. Ängste und negative Erfahrungen schlagen sich auf die skeptische, oft sogar negativistische Einschätzung neuer, in ihren Konsequenzen nicht voll überschaubarer Technologien der modernen Medizin nieder. Ängste und Befürchtungen verlieren sich aber nur, wenn sie sich als sachlich unbegründet erweisen und sich die Sachlichkeit als öffentlich begründbar erweist.

Ein Projektionsfeld derartiger, oft unbegründeter Ängste ist die Intensivmedizin. Hier sehen sich die Ärzte zusammen mit dem Pflegepersonal und den nächsten Angehörigen mit mindestens drei Problemen konfrontiert:

- Erstens müssen in diesem Bereich die zu treffenden Maßnahmen ggf. auch ohne den Willen des Patienten, aber doch unter abwägender Berücksichtigung des zu erwartenden Krankheitsverlaufs entschieden werden.

- In einem prognostisch hoffnungslosen Terminalstadium einer Krankheit steht die *zeitlich angemessene Begrenzung* intensivtherapeutischer Maßnahmen (z. B. einer Dialyse, einer künstlichen Beatmung) an - sei es als Abbruch der Intensivmaßnahmen oder als primärer Verzicht auf solche.

- Weitere Überlegungen richten sich insbesondere auf die Anordnung, ggf. auf eine Reanimation zu verzichten: do not resuscitate (DNR) order (s. auch [351]).

Osamu Aochi, der Präsident des 5. Weltkongresses für Intensivmedizin in Kyoto (Japan), formulierte als Kardinalkriterien für einen humanen Ausgang einer Intensivtherapie (happy ending of intensive care): die Rückkehr in ein Leben in Gemeinschaft und Beruf (recovery to social life) oder ein friedvolles Sterben (leaving this world peacefully). Danach gelten als Kriterien für eine erfolgreiche intensivmedizinische Behandlung eine hohe Überlebenszahl, eine gute Überlebensqualität und ein würdiges Sterben, somit die Einbeziehung von Lebens- und Sterbequalitäten in die Zielsetzung der Intensivmedizin (s. hierzu auch [30, 242]). Der Internist F. Krück sagt [24]:

Ich habe viele Intensivstationen kennengelernt, mit all ihrem tiefen Leid, aber auch mit dem großen Glück für Schwestern, Pfleger und Ärzte immer dann, wenn es gelungen war, wohl mit Hilfe der Apparatur, aber letzten Endes doch nur durch menschlich-persönlichen Einsatz, Kranke, die aufgeben zu müssen man ernsthaft befürchtet hatte, wieder gesund werden zu sehen. Es mag Außenstehende verwundern, aber gerade auf Intensivstationen trifft man häufig dies nicht an, was man so gern als Inhumanität der modernen Medizin anschuldigen möchte. Wer den Einsatz dieser Menschen aufmerksam beachtet und wer gewahr wird, wie sie jedes Zeichen einer Besserung freudig registrieren und als Ansporn zu weiterem Bemühen auffassen, dem wird das Schlagwort von der Inhumanität im Krankenhaus nur noch schwerlich über die Lippen kommen.

7.7 Risikogemeinschaft Arzt/Patient

Die zunehmende und auf manchen Fachgebieten jetzt schon vorherrschende Anwendung von Technik am Menschen bringt die Medizin in die Nähe der Ingenieurswissenschaften, unzweifelhaft oft zum Nutzen des Patienten. Aber erst dort, wo sich medizinisches Wissen mit Einfühlung verbindet, spricht man von ärztlicher Kunst. Da das Ich-Gefühl, die Angst und die Empfindungen, die mit Schmerz, Hilflosigkeit, Leiden und Kummer verknüpft sind, nur unvollkommen mitteilbar sind und deshalb letzten Endes beim Menschen verbleiben, fordert das einfühlende Gespräch zwischen den Menschen, hier: zwischen Arzt und Patient, ein hohes Maß an Zuwendung und Dialogfähigkeit heraus. Dabei richtet sich die Erwartung des Leidenden zunächst weniger darauf, daß man ihm technische Details erläutere, vielmehr auf die Frage, ob berechtigte Hoffnung auf Besserung bzw. Beseitigung seiner Notlage und deren Bewältigung besteht. Abgesehen von perakuten Notfallsituationen geschieht der erste ärztliche Schritt in der Weise, in ihm, dem Hilfesuchenden, diese zweifach, nämlich sachlich wie auch intersubjektiv begründete Hoffnung zu erwecken und damit eine Vertrauensbasis herzustellen. Kurzum: Was man sagt - wie man es sagt - wem man es sagt.

Der rekurrierende Dialog wird im glücklicheren Falle schließlich bewirken, die Ebenen von *Erklären und Verstehen,* sowie von *Machen und Unterlassen* in ihren vielfältigen Wechselwirkungen miteinander zu verweben und zu einem Miteinander zu gelangen. Nur dann, im Klima dieser freiwilligen Risikogemeinschaft, lassen sich vergebliche Mühen und unerwartete Folgen, weil von vornherein von Hoffnung und Vertrauen getragen, erdulden.

Aus dieser Perspektive verlassen Überlegungen über Angst und Lebensqualität den Bereich der kausal determinierten Methodenebene der naturwissenschaftlichen Medizin und rücken, zugegebenermaßen methodisch schwach begründet, in den Raum zwischenmenschlicher Begegnungen ein, und zwar mit allen Vorzügen und Schwächen der beteiligten Charaktere und der jeweiligen sozialen Dependenzen.

Übrig bleibt für jeden der Beteiligten, auf dem Weg zu seinem vermeintlichen Lebensglück sein Fühlen, Denken, Wollen und Handeln kritisch zu hinterfragen und autonom, also in persönlicher Freiheit, zum Ausdruck zu bringen und dialogisch zu gestalten. Selbstredend gewinnt erst dann die oben annoncierte Risikogemeinschaft an Glaubwürdigkeit und Moralität, nämlich durch die Mündigkeit ihrer Partner.

8 Der sterbende Mensch

8.1 Die Angst vor dem Tod

Die Ängste der Menschen im Zusammenhang mit dem Tod haben sich im Laufe des vergangenen Jahrhunderts durchgreifend gewandelt. Galten diese Ängste traditionell dem, was nach dem Tode kommt, so betreffen sie heute die Zeit des Sterbens. Wo früher die Angst vor einem jähen, unversehenen Tod dominierte, steht heute die Angst vor dem Sterben, vor langem Leiden, vor Schmerzen und Einsamkeit [46, 47]. (Zur Angst in der Krankheit, Angst vs. Lebensqualität und zum Angstbegriff in der modernen Philosophie s. Kap. 7.)

Der Arzt steht nicht in jedem Falle in der Pflicht, den Kranken über seine Lage umfassend zu informieren. Die meisten Sterbenden erkennen ihre Situation aufgrund der bisherigen Krankengeschichte und der schon stattgefundenen Aufklärung intuitiv richtig, haben ihre Verhältnisse mit der Familie zu regeln verstanden und erwarten weder "schonendes Betrügen" noch eine erschöpfende Auskunft. Aber alle Fragen, die der Patient an den Arzt richtet, müssen, wenngleich nicht schonungslos, aber doch wahrhaftig und mit innerlicher Solidarität wie auch jenseits aller Beschwichtigungs- und Vertröstungsfunktion beant-

wortet werden (s. S. 189); dies auch entgegen anderslauten-
den Wünschen der Angehörigen.

Die von Elisabeth Kübler-Ross schon 1971 publizierten "Interviews mit Sterbenden" [52] machen eindrucksvoll, weil einfühlsam, auf die Nöte der Kranken in
den aufeinanderfolgenden Phasen des Sterbens (Verdrängung, Zorn, Verhandeln, Depression, Zustimmung) und ihre
individuelle menschliche Bewältigung aufmerksam und haben gewissermaßen als Lehrpfad für alle damit befaßten
Personen eine erfreulich weite Verbreitung gefunden.

**Varianten ärztlichen Handelns beim und zum Sterben
(modif. nach [278])**

- Hilfe zur Sterbebewältigung durch psychologischen Bei-
  stand
- Indirekte Sterbehilfe durch Einsatz von Medikamenten
  zur Linderung des Todeskampfes unter Inkaufnahme einer
  möglichen, aber primär nicht angestrebten Lebensverkür-
  zung
- Passive Sterbehilfe durch Unterlassung von Maßnahmen
  (Behandlungsverzicht), die das menschliche Sterben
  verlängern
- Beihilfe zum Suizid durch Beratung oder Unterstützung zur
  Beschaffung von Mitteln zur sanften Selbsttötung
- Aktive Sterbehilfe (Euthanasie) = Tötung auf Verlangen
- Nichtfreiwillige Euthanasie durch Unterlassen einer lebens-
  notwendigen Behandlung oder Tötung eines Kranken.

8.2 Zur Basistherapie Sterbender

Neben der menschlichen Begleitung steht bei unheilbar
Kranken im Terminalstadium die Schmerztherapie an

erster Stelle, und zwar sowohl in der Klinik als auch durch den Hausarzt. Der Stufenplan der Schmerztherapie reicht von peripher wirkenden Analgetika über die zentral wirkenden Opioide in Kombination mit zusätzlichen Psychopharmaka (Anxiolytika, Sedativa) bis zur periduralen Opioidanalgesie. Es gibt hier keinerlei Gründe, dem Patienten wegen angeblicher, in Wirklichkeit irrelevanter Suchtgefahr die wichtigsten zentral wirkenden Opioide vorzuenthalten. Es besteht weitreichen der Konsens in der Gesellschaft und bei den Kirchen, daß die Schmerztherapie Vorrang vor Leidensverlängerung hat; d. h. auch dann einsetzen muß, wenn hierdurch der erwartete Tod zeitlich früher eintreten könnte (indirekte Sterbehilfe) [54].

Nur wenige Stimmen in der juristischen Literatur halten diese Form der Sterbehilfe für unzulässig. Papst Pius XII hat sie schon 1957 für moralisch zulässig erklärt, als er ausführte, die Schmerzmittelgabe mit unvermeidbaren Nebenwirkungen einer Lebensverkürzung sei bei Todkranken dann erlaubt, wenn ein anderes Mittel nicht zur Verfügung stehe und die Lebensverkürzung nicht direkt angestrebt werde [50].

Zur Basistherapie Sterbender gehören neben der Schmerztherapie:

- eine der individuellen Situation angemessene Behandlung schwerer medizinischer Komplikationen (z. B. einer akuten Harnverhaltung),
- Intensivierung der Pflegemaßnahmen und
- Sicherung einer ausreichenden Ernährung einschließlich Flüssigkeitszufuhr, ggf. auf parenteralem Wege.

Hat der Arzt die Irreversibilität der Krankheit erkannt, dann muß er von seinem traditionellen Auftrag,

Leben zu erhalten, Abstand nehmen. Träfe er diese Entscheidung nicht, so würde er sich dem berechtigten Vorwurf einer inhumanen Verlängerung der Agonie aussetzen. Dies aber nichtgeschehen zu lassen, bedeutet echte wahre Sterbehilfe, Euthanasia, im klassischen Sinn der hippokratischen Medizin [24]. Eine Entscheidungshilfe bieten die *Grundsätze der Bundesärztekammer zur ärztlichen Sterbebegleitung* [87] (s. unten).

Daß es bei der Begleitung Sterbender um den anderen geht und nicht um die eigene Lebensbewältigung, macht alles so schwierig. Die von Cicely Saunders gegründete Hospizbewegung versucht mit der Einrichtung von menschenwürdigen Sterbeabteilungen als Orte der Stille und Geborgenheit, die offenkundigen Defizite durch Geduld und sensibles Aufmerksamsein zu kompensieren. Nicht die Angst vor dem Tod sei nach den Erfahrungen dieser Sterbebegleiter der wesentliche Faktor; für Sterbende sei wichtig, daß sie ihr Leben ordnen können. Wenn das gelänge, könnten sie gelassen sterben, im Frieden mit den anderen.

Der belgische Philosoph Jean-Francois Malherbe beschreibt den therapeutischen Übereifer in der letzten Krankheitsphase *und* die aktive Euthanasie als "die beiden symmetrischen Versuche, der Begegnung mit dem Tod auszuweichen". Zweifelhaft und nur sehr schwer zu bestimmen ist, in welchen Grenzen solche Einschränkungen der Behandlung möglich sind. Die Grenzen einer Behandlungspflicht sind bisher wenig klar und teilweise lebhaft umstritten. Das Prinzip ist aber in der Sache akzeptiert und wird vom Willen oder zumindest vom mutmaßlichen Willen des Patienten determiniert [50]. "Leben bis zuletzt - Sterben in Würde" [53].

Patientenverfügungen. Immer mehr Menschen verfassen eine Verfügung für den Fall, zu keiner Entscheidung mehr fähig zu sein. Schwierigkeiten gibt es bei der praktischen Umsetzung derartiger Willenserklärungen. In nicht wenigen Fällen trifft die Verfügung nicht die Umstände, die aktuell zur Entscheidung anstehen. Oft erweist sich die Situation als komplex und erfordert eine differenziertere Betrachtung, als dies die schriftliche Patientenverfügung umschreibt. Auch bleiben Zweifel, ob der Wille des Betroffenen sich nicht geändert haben könnte. Oft vermögen Angehörige und das Pflegepersonal den Patientenwillen besser zu erläutern als schriftliche Fassungen (s. unten).

8.3 Grundsätze der Bundesärztekammer zur ärztlichen Sterbebegleitung [87]

Präambel

Aufgabe des Arztes ist es, unter Beachtung des Selbstbestimmungsrechtes des Patienten Leben zu erhalten, Gesundheit zu schützen und wiederherzustellen sowie Leiden zu lindern und Sterbenden bis zum Tod beizustehen.

Die ärztliche Pflicht zur Lebenserhaltung besteht jedoch nicht unter allen Umständen. Es gibt Situationen, in denen sonst angemessene Diagnostik und Therapieverfahren nicht mehr indiziert sind, sondern Begrenzung geboten sein kann. Dann tritt palliativ-medizinische Versorgung in den Vordergrund. Die Entscheidung hierzu darf nicht von wirtschaftlichen Erwägungen abhängig gemacht werden.

Unabhängig von dem Ziel der medizinischen Behandlung hat der Arzt in jedem Fall für eine Basisbetreuung zu sorgen. Dazu gehören u. a.: Menschenwürdige Unter-

bringung, Zuwendung, Körperpflege, Lindern von Schmerzen, Atemnot und Übelkeit sowie Stillen von Hunger und
Durst.

Art und Ausmaß einer Behandlung sind vom
Arzt zu verantworten. Er muß dabei den Willen des Patienten beachten. Bei seiner Entscheidungsfindung soll der Arzt
mit ärztlichen und pflegenden Mitarbeitern einen Konsens
suchen.

Aktive Sterbehilfe ist unzulässig und mit Strafe
bedroht, auch dann, wenn sie auf Verlangen des Patienten
geschieht. Die Mitwirkung des Arztes bei der Selbsttötung
widerspricht dem ärztlichen Ethos und kann strafbar sein.

Diese Grundsätze können dem Arzt die eigene
Verantwortung in der konkreten Situation nicht abnehmen.

I. Ärztliche Pflichten bei Sterbenden

Der Arzt ist verpflichtet, Sterbenden, d. h. Kranken oder Verletzten mit irreversiblem Versagen einer oder mehrerer vitaler Funktionen, bei denen der Eintritt des Todes in kurzer
Zeit zu erwarten ist, so zu helfen, daß sie in Würde zu sterben vermögen. Die Hilfe besteht neben palliativer Behandlung in Beistand und Sorge für Basisbetreuung.

Maßnahmen zur Verlängerung des Lebens dürfen in Übereinstimmung mit dem Willen des Patienten unterlassen oder nicht weitergeführt werden, wenn diese nur
den Todeseintritt verzögern und die Krankheit in ihrem
Verlauf nicht mehr aufgehalten werden kann. Bei Sterbenden kann die Linderung des Leidens so im Vordergrund stehen, daß eine möglicherweise unvermeidbare Lebensverkürzung hingenommen werden darf. Eine gezielte Lebensverkürzung durch Maßnahmen, die den Tod herbeiführen
oder das Sterben beschleunigen sollen, ist unzulässig und

mit Strafe bedroht.

Die Unterrichtung des Sterbenden über seinen Zustand und mögliche Maßnahmen muß wahrheitsgemäß sein, sie soll sich aber an der Situation des Sterbenden orientieren und vorhandenen Ängsten Rechnung tragen. Der Arzt kann auch Angehörige oder nahestehende Personen informieren, es sei denn, der Wille des Patienten steht dagegen. Das Gespräch mit ihnen gehört zu seinen Aufgaben.

II. Verhalten bei Patienten mit infauster Prognose

Bei Patienten mit infauster Prognose, die sich noch nicht im Sterben befinden, kommt eine Änderung des Behandlungszieles nur dann in Betracht, wenn die Krankheit weit fortgeschritten ist und eine lebenserhaltende Behandlung nur Leiden verlängert. An die Stelle von Lebensverlängerung und Lebenserhaltung treten dann palliativ-medizinische und pflegerische Maßnahmen. Die Entscheidung über Änderung des Therapiezieles muß dem Willen des Patienten entsprechen.

Bei Neugeborenen mit schwersten Fehlbildungen oder schweren Stoffwechselstörungen, bei denen keine Aussicht auf Heilung oder Besserung besteht, kann nach hinreichender Diagnostik und im Einvernehmen mit den Eltern eine lebenserhaltende Behandlung, die ausgefallene oder ungenügende Vitalfunktionen ersetzt, unterlassen oder nicht weitergeführt werden. Gleiches gilt für extrem unreife Kinder, deren unausweichliches Sterben abzusehen ist, und für Neugeborene, die schwerste Zerstörungen des Gehirns erlitten haben. Eine weniger schwere Schädigung ist kein Grund zur Vorenthaltung oder zum Abbruch lebenserhaltender Maßnahmen, auch dann nicht, wenn Eltern dies fordern. Ein offensichtlicher Sterbevorgang soll nicht durch lebenserhaltende Therapie künstlich in die Länge gezogen werden.

Alle diesbezüglichen Entscheidungen müssen individuell erarbeitet werden. Wie bei Erwachsenen gibt es keine Ausnahmen von der Pflicht zu leidensmindernder Behandlung, auch nicht bei unreifen Frühgeborenen.

III. Behandlung bei sonstiger lebensbedrohlicher Schädigung

Patienten mit einer lebensbedrohenden Krankheit, an der sie trotz generell schlechter Prognose nicht zwangsläufig in absehbarer Zeit sterben, haben, wie alle Patienten, ein Recht auf Behandlung, Pflege und Zuwendung.

Lebenserhaltende Therapie einschließlich - ggf. künstlicher - Ernährung ist daher geboten. Dieses gilt auch für Patienten mit schwersten cerebralen Schädigungen und anhaltender Bewußtlosigkeit (apallisches Syndrom, sog. "Wachkoma").

Bei fortgeschrittener Krankheit kann aber auch bei diesen Patienten eine Änderung des Therapiezieles und die Unterlassung lebenserhaltender Maßnahmen in Betracht kommen. So kann der unwiderrufliche Ausfall weiterer vitaler Organfunktionen die Entscheidung rechtfertigen, auf den Einsatz technischer Hilfsmittel zu verzichten. Die Dauer der Bewußtlosigkeit darf dabei nicht alleiniges Kriterium sein.

Alle Entscheidungen müssen dem Willen des Patienten entsprechen. Bei bewußtlosen Patienten wird in der Regel zur Ermittlung des mutmaßlichen Willens die Bestellung eines Betreuers erforderlich sein.

IV. Ermittlung des Patientenwillens

Bei einwilligungsfähigen Patienten hat der Arzt den aktuell geäußerten Willen des angemessen aufgeklärten Patienten zu beachten, selbst wenn sich dieser Wille nicht mit den aus ärztlicher Sicht gebotenen Diagnose- und Therapiemaßnahmen deckt. Das gilt auch für die Beendigung schon eingeleiteter lebenserhaltender Maßnahmen. Der Arzt soll Kranken, die eine notwendige Behandlung ablehnen, helfen, die Entscheidung zu überdenken.

Bei einwilligungsunfähigen Patienten ist die Erklärung des gesetzlichen Vertreters, z. B. der Eltern oder des Betreuers, oder des Bevollmächtigten maßgeblich. Diese sind gehalten, zum Wohl des Patienten zu entscheiden. Bei Verdacht auf Mißbrauch oder offensichtlicher Fehlentscheidung soll sich der Arzt an das Vormundschaftsgericht wenden.

Liegen weder vom Patienten noch von einem gesetzlichen Vertreter oder einem Bevollmächtigten Erklärungen vor oder können diese nicht rechtzeitig eingeholt werden, so hat der Arzt so zu handeln, wie es dem mußmaßlichen Willen des Patienten in der konkreten Situation entspricht. Der Arzt hat den mutmaßlichen Willen aus den Gesamtumständen zu ermitteln. Eine besondere Bedeutung kommt hierbei einer früheren Erklärung des Patienten zu. Anhaltspunkte für den mutmaßlichen Willen können seine Lebenseinstellung, seine religiöse Überzeugung, seine Haltung zu Schmerzen und zu schweren Schäden in der ihm verbleibenden Lebenszeit sein. In die Ermittlung des mutmaßlichen Willens sollen auch Angehörige oder nahestehende Personen einbezogen werden.

Läßt sich der mutmaßliche Wille des Patienten nicht anhand der genannten Kriterien ermitteln, so handelt der Arzt im Interesse des Patienten, wenn er die ärztlich indizierten Maßnahmen trifft.

V. Patientenverfügungen, Vorsorgevollmachten und Betreuungsverfügungen

Patientenverfügungen, auch Patiententestamente genannt, Vorsorgevollmachten und Betreuungsverfügungen sind eine wesentliche Hilfe für das Handeln des Arztes.

Patientenverfügungen sind verbindlich, sofern sie sich auf die konkrete Behandlungssituation beziehen und keine Umstände erkennbar sind, daß der Patient sie nicht mehr gelten lassen würde. Es muß stets geprüft werden, ob die Verfügung, die eine Behandlungsbegrenzung erwägen läßt, auch für die aktuelle Situation gelten soll. Bei der Entscheidungsfindung sollte der Arzt daran denken, daß solche Willensäußerungen meist in gesunden Tagen verfaßt wurden und daß Hoffnung oftmals in ausweglos erscheinenden Lagen wächst. Bei der Abwägung der Verbindlichkeit kommt der Ernsthaftigkeit eine wesentliche Rolle zu. Der Zeitpunkt der Aufstellung hat untergeordnete Bedeutung.

Anders als ein Testament bedürfen Patientenverfügungen keiner Form, sollten aber in der Regel schriftlich abgefaßt sein.

Im Wege der Vorsorgevollmacht kann ein Bevollmächtigter auch für die Einwilligung in ärztliche Maßnahmen, deren Unterlassung oder Beendigung bestellt werden. Bei Behandlung mit hohem Risiko für Leben und Gesundheit bedarf diese Einwilligung der Schriftform

(§ 1904 BGB) und muß sich ausdrücklich auf eine solche Behandlung beziehen. Die Einwilligung des Betreuers oder Bevollmächtigten in eine "das Leben gefährdende Behandlung" bedarf der Zustimmung des Vormundschaftsgerichts (§1904 BGB). Nach der Rechtsprechung (Oberlandesgericht Frankfurt a. M. vom 15.07.1998 - Az: 20 W 224/98) ist davon auszugehen, daß dies auch für die Beendigung lebenserhaltender Maßnahmen im Vorfeld der Sterbephase gilt.

Betreuungsverfügungen können Empfehlungen und Wünsche zur Wahl des Betreuers und zur Ausführung der Betreuung enthalten.

8.4 Sterben und Tod in der Literatur, Philosophie und Religion

Die Rede vom "eigenen" Tod, die in der Literatur des 20. Jahrhunderts zum ersten Mal bei Rilke auftaucht, ist ursprünglich ein kritischer Gegenbegriff zum "anonymen" Krankenhaustod, mit dem sich häufig die Polemik gegen die Auswüchse der modernen "Apparatemedizin" verbindet. Das Wort meint also zunächst nicht die künstliche Herbeiführung des Todes zu einem selbstgewählten Zeitpunkt, sondern den persönlichen Tod, den der einzelne nach Ablauf seiner ihm zugemessenen Lebenszeit in seiner individuellen Umgebung sterben darf. In der medizinischen Ethik wird das Wort vom "eigenen Tod" auch in positiver Abgrenzung verwandt, um die Idee eines umfassenden menschlichen Sterbebeistandes zu umschreiben, die sich auch als humane Alternative zur Verdrängung des Todes und zur Forderung nach einer Freigabe der aktiven Euthanasie versteht [54] (s. auch Kap. 9).

Nicht nur in bezug auf notwendige ärztliche Maßnahmen, sondern auch in der Sterbebegleitung muß man allgemeinen Formulierungen und Anweisungen die konkreten und individuell unterschiedlichen Umstände des Sterbens entgegenhalten. Für das, was man im Mittelalter die "ars moriendi", die Kunst zu sterben genannt hat, hat unsere Gesellschaft überhaupt keine Kultur entwickelt [54], wo doch sogar die "Kunst zu leben" zusammen mit dem " Sinn des Lebens" fragwürdig geworden zu sein scheint. Weil beide nämlich, Leben und Sterben, zusammenwirken, sagt Montaigne: "Qui apprendrait les hommes à mourir, leur apprendrait à vivre" (Wer die Menschen zu sterben lehrte, der lehrte sie zu leben).

Jeder stirbt seinen eigenen Tod und für jeden gilt im Sterben nur seine eigene Wahrheit, d. h. sein philosophischer oder religiöser Glaube, "weil das Sterben jedes Dasein jeweilig auf sich nehmen muß" (Heidegger [155]); oder bei Tillich: "Der Mut zum Sterben ist der Prüfstein für den Mut zum Sein. Eine Selbstbejahung, die unterläßt, die Bejahung des eigenen Todes in sich hineinzunehmen, zeigt, daß sie nicht fähig ist, das Nichtsein ins Auge zu fassen" [141].

O Herr, gib jedem seinen eigenen Tod,
Das Sterben, das aus jenem Leben geht,
darin er Liebe hatte, Sinn und Not.
(Rilke)

Düstere Wirklichkeit ist, daß die Umstände der lebensbedrohenden Krankheit mit Unruhe, Angst (beispielsweise auch im Verlaufe deliranter Zustände), mit Schmerzen, mit dem Gefühl der Hilflosigkeit und von qualvoller Entkräftung (z. B. durch fortdauernde Übelkeit, Erbrechen, Fieber und Schüttelfrost, profusen Schweißausbrüchen, Atemnot) schrittweise den Lebenshorizont verengen; sie machen einsam und rufen nach Begleitung durch menschliche Nähe. Viele, auch Ärzte, Pflegepersonal und selbst Angehörige sind dabei oft überfordert. Peinlich und peinvoll die typische Krankenhausszene: Der Doktor geht, der Pfarrer kommt.

Nicht alle sind auf die letzten Tage und Stunden geistig vorbereitet. Einige umfängt eine Stimmung von grundloser Angst im Sinne von Ungeborgenheit, von Nicht-angenommen-Sein. Andere haben schon im Alltag das Loslassen geübt, sich in die Kunst eingeübt, Einschränkungen zu ertragen, zu verzichten, Verluste hinzunehmen, um in Lebenskrisen nicht in Abgründe zu fallen. Sie haben verstanden, daß Vorstellungen, Erwartungen und Wünsche, denen keine Erfüllung zuteil werden kann, uns einmauern. Wer nicht glaubt, fühlt sich an das Nichts ausgeliefert. Die Vernunft als säkulares Ordnungsmedium spendet keinen Trost. In vielfacher Gestalt greift etwas vom Tod schon in unser Leben, lange bevor wir sterben müssen. Krankheit, Leid, das Altern, alles Abschiednehmen, es sind dies nicht nur Vorboten des Todes, sondern ein Stück des Todes mitten im Leben. [148]. "Partir, c'est toujours un peu mourir."

Der einsame Tod ist ein unwürdiger Tod, die Begleitung zum Tode eine Gesittung seit Menschengedenken. In der griechischen Mythologie geleitet Charon, der Fährmann, den erlöschenden Geist über den Fluß Styx ans andere Ufer zum Eingang in die Unterwelt. Die Gelassenheit der Antike gegenüber dem Tod, im Wissen um die Unsterblichkeit der Seele, bringt Sokrates kurz vor seinem Tod in

Platons *Phaidon* [291] zum Ausdruck: "O Kriton, dem As-
klepios sind wir einen Hahn schuldig. Den müßt Ihr opfern,
vergeßt das nicht!" - Bei Epikur steht: "So ist also der Tod,
das schauervollste Übel, für uns ein Nichts; wenn wir da
sind, ist der Tod nicht da, aber wenn der Tod da ist, sind wir
nicht mehr. Er geht also weder die Lebenden noch die Ge-
storbenen an" [157]; s. dazu auch die Trostschrift von Seneca an Marcia [292].

Über den kommunikativen Beistand mit dem
Sterbenden heißt es bei Jaspers:

Der Sterbende läßt sich nicht mehr ansprechen; jeder
stirbt allein; die Einsamkeit vor dem Tode scheint voll-
kommen, für den Sterbenden wie für den Bleibenden. Die
Erscheinung des Zusammenseins, solange Bewußtsein ist,
dieser Schmerz des Trennens, ist der letzte hilflose Ausdruck der Kommunikation. Aber diese Kommunikation
kann so tiefgründig sein, daß der Abschluß im Sterben
selbst noch zu ihrer Erscheinung wird und Kommunikation ihr Sein als ewige Wirklichkeit bewahrt. [281]

In Franz Schuberts letztem Lied der "Winter-
reise" klingt das endgültige Loslassen von dieser Welt mit
dem Tod im Angesicht in Wort und Ton herüber:

Drüben hinterm Dorfe steht ein Leiermann...
Wunderlicher Alter, soll ich mit Dir gehen?
Willst zu meinen Liedern Deine Leier drehn?

Walter Jens hat in dem lesenswerten Buch
Menschenwürdig sterben, das er zusammen mit Hans Küng
verfaßt hat, am einem literarischen Beispiel - *Der Tod des*

Iwan Iljitsch von Leo Tolstoi - auch der Komik des Abschieds als makabre Gegenläufigkeit Beachtung geschenkt [78].

Mit innerer Distanz und sokratischem Gleichmut und nicht ohne Ironie findet Montaigne in einem Essai Worte zum Sterben:

... und daß, da der Tod doch immer der gleiche ist, sich dennoch bei den Bauern und im niederen Volke mehr Gefaßtheit findet als bei den höheren Ständen. Ich glaube in der Tat, daß es die schauerlichen Trauermienen und Anstalten sind, mit denen wir ihn umgeben, die uns mehr Furcht einjagen als er selbst. Eine ganz ungewohnte Lebensweise: die Schmerzensrufe der Mütter, der Gattinnen und der Kinder, die Besuche bestürzter und niedergeschlagener Personen, die Handreichungen eines Haufens bleicher und verheulter Bedienter, verhängtes Zimmer, brennende Kerzen, unser Bett von Ärzten und Priestern umlagert, kurzum lauter Schrecken und Grausen rund um uns her. Wir sind beileibe schon verscharrt und begraben ... Glücklich der Tod, der zu den Zurüstungen solcher Schaugepränge keine Zeit läßt. [158]

Nach v. Engelhardt [280] verlangen Sterben und Tod als soziale Phänomene Formen des Verhaltens, die sich in den vergangenen Jahrzehnten in den westlichen Ländern verloren, reduziert oder privatisiert haben. Aber auch hier gibt es große Unterschiede: zwischen gläubigen und glaubenslosen Menschen, zwischen Menschen der Tradition und des Augenblicks, zwischen Menschen des Geistes und des Konsums.

In einer universalen Kulturgeschichte des Todes schildert v. Barloewen [88] den Tod als eine "anthropologische Konstante" bei Völkern mit verschiedenen Mythologien, Religionen oder Philosophien und zwar stets als Übergang, als Verwandlung, nicht als Auslöschung der Person.

Für den Agnostiker N. Bobbio ist die Gelassenheit am Ende des Lebens nicht ohne Melancholie. Das Bewußtsein, daß der Weg nicht nur nicht vollendet ist, sondern auch keine Zeit mehr dafür bleibt, ist illusionslos [28].

Menschenwürdiges Sterben im *christlichen Glauben* "darf sich in großer Freiheit, Gelassenheit und Getröstetheit auf eine allerletzte, allererste Wirklichkeit einlassen" (Küng [154]).

9 Aktive Sterbehilfe

Es ist augenscheinlich, daß die tradierte Ethik mancherlei
Widersprüche erkennen läßt (Beispiel: Lebensrecht des
Foetus versus Fristenlösung). Von einem „Zusammenbruch der traditionellen Ethik" (P.Singer [373]) zu reden,
ist abwegig. Aber unzweifelhaft tendiert der öffentliche
Diskurs zu einem neuen Minimalkonsens, der einen Wandel von bislang tabuierten Auffassungen deutlich macht
(Beispiele: Präimplantationsdiagnostik, physician assisted
suicide, Nichtbehandlung schwerstbehinderter Neugebo-
rener).

Auch höchstrichterliche Entscheidungen in
den USA (Patient Tony Blands) und in England (Patientin
Nancy Beth Cruzan), die einen Abbruch medizinischer
Maßnahmen auf der Grundlage der Lebensqualität bzw.
des personalen Bewußtseins billigten, weichen von bisher
geltenden Grundsätzen über die Unverletzlichkeit unschul-
digen menschlichen Lebens ab und sind als Grenzfälle in
einer Extremsituation als nichtfreiwillige Euthanasie („se-
lektive Nichtbehandlung" durch Unterlassen einer lebens-
notwendigen Behandlung) im Einzelfall gerechtfertigt.

Diese richterlichen Fundamentalentscheidun-
gen zu Richtlinien allgemeinen Handelns im Sinne einer
„Ethik der Lebensqualität" (P.Singer [373]) umzudeuten,
hieße den tatsächlichen Zusammenbruch der traditionellen

Ethik auszurufen. Vielmehr sind die in vielen Ländern (Beispiel: Deutsches Transplantationsgesetz) geltenden Hirntodkriterien (s. S 211) und die klar formulierten und akzeptierten Regeln zur Sterbehilfe (s. S 189) eine für Ärzte und Gesellschaft verbindliche Handlungsanweisung.

"Sterbenlassen" bedeutet, einem Krankheits- oder Zerfallsprozeß seinen Lauf zu lassen. "Töten" hingegen heißt dem Wortsinne nach eine den Organismus von außen treffende, ihn unmittelbar tödlich schädigende Einwirkung. Ziel des Behandlungsabbruchs ist das Sterben, Ziel des Tötens ist der Tod. Ihn kann der Arzt erzwingen, nicht das Sterben [51]. Varianten ärztlichen Handelns beim und zum Sterben s. S. 186.

Es sei an dieser Stelle in Erinnerung gerufen, daß die deutsche Euthanasieaktion der Jahre 1939–1941 den Tod von über 70.000 geistig und körperlich behinderten Menschen durch Ärzte zur Folge hatte. Am 20.08.1947 wurden vor einem amerikanischen Militärgerichtshof im Nürnberger Ärzteprozeß sieben Angeklagte zum Tode und fünf weitere zu lebenslanger Haft verurteilt. (Zu den Unrechtshandlungen in der Medizin s. auch [86] und Kap. 3.7.)

Gezielte Maßnahmen zur Tötung auf Verlangen sind aus ethischen Gründen umstritten. Die Hochschätzung des Individuums und seiner persönlichen Freiheit (Selbstbestimmungsfähigkeit) sind es in erster Linie, die einer Tötung auf Verlangen und einer aktiven Sterbehilfe eine mehr oder minder bewußte ideologische Fundierung geben [46]. "Nie werde ich, auch nicht auf eine Bitte hin, ein tödlich wirkendes Gift verabreichen oder auch nur einen Rat dazu erteilen" (Hippokrates).

9.1 Ärztliche Beihilfe zur Selbsttötung

Die übliche Methode der Tötung auf Verlangen ist die Injektion eines Schlafmittels (z. B. Barbiturate) und die anschließende Injektion des atemlähmenden Curaregiftes.

Die Beihilfe zur Selbsttötung (assistierter Suizid) ist nach deutschem Recht dann straffrei, wenn der Patient selbst die sog. Täterherrschaft ausübt. § 216 StGB bedroht die Tötung eines Kranken durch eine andere Person auch bei ausdrücklichem und ernstlichen Verlangen mit einer gegenüber den Regelfällen der vorsätzlichen Tötung gemilderten Strafe. Zwar kommt diese Strafvorschrift in der Bundesrepublik höchst selten zur Anwendung, die Statistik verzeichnet jährlich nur wenige Verfahren. Es ist aber davon auszugehen, daß es eine erhebliche Zahl nicht entdeckter Fälle gibt [50]. In den USA und in den Niederlanden findet sich eine verhältnismäßig hohe Akzeptanz für diese Art von ärztlicher Beihilfe (physician assisted suicide) als Alternative zur "ärztlichen Tötung auf Verlangen" und es werden dort konkrete Regelungsvorschläge erarbeitet und befürwortet. Speziell von an Aids erkrankten Patienten ist bekannt, daß sie eine ärztliche Unterstützung für den Fall des Selbsttötungswunsches im Endstadium ihrer Krankheit fordern.

64% von 552 befragten holländischen Psychiatern bekannten freimütig, daß sie einen "physician assisted suicide" sogar bei psychischen (!) Kranken befürworten [306, 307].

In der klinischen Praxis sind es aber nicht nur Patienten mit schweren körperlichen Erkrankungen im Finalstadium, die sich wegen unerträglicher Schmerzen sich töten möchten bzw. nach einem Suizidversuch in ärztliche

Behandlung kommen. Oft leiden Menschen mit Selbsttötungsabsichten an einer psychischen Störung, die ihre Selbstbestimmungs- und Steuerungsfähigkeit beeinträchtigen kann [160]. Eine aktuelle medizinethische Stellungnahme zum Problem der ärztlichen Beihilfe zur Selbsttötung findet sich bei Vollmann [160] und bei Klaschik [352].

Legalisiert wurde der ärztlich assistierte Selbstmord im US-Staat Oregon im Oktober 1997. Seitdem wurde dieses Vorgehen dort an 23 Patienten ausgeführt [353].

Sowohl von der niederländischen Standesorganisation als auch von der niederländischen psychiatrischen Gesellschaft wurden strenge Richtlinien zum assistierten Suizid erarbeitet; dazu gehört die Prüfung, ob der Wunsch des Sterbewilligen seiner freien und kompetenten Willensbestimmung entspricht, ob er dazu mental fähig ist, ob er seine Lebenserwartung und seinen Krankheitszustand richtig einschätzen kann und ob wirklich alle therapeutischen Alternativen ausgeschöpft wurden. Unter diesen Kautelen ist die Option des assistierten Suizids nicht allein auf Patienenten mit unheilbaren somatischen Krankheiten beschränkt, sondern kann auch für psychiatrische Kranke mit ausichtsloser Prognose gelten [278].

9.2 Aktive Sterbehilfe (Euthanasie)

Nach geltendem deutschen Recht ist die aktive Sterbehilfe, d. h. die direkte, gezielte Beendigung eines Lebens durch einen anderen bei unerträglichem Leiden und unaufhaltbarer Krankheit, verboten.

Zwar steht auch in den Niederlanden die aktive Sterbehilfe dort, wo sie in größerem Umfange ausgeübt wird, unter Strafe, wird aber unter Vorbehalt nicht strafrechtlich verfolgt. Nach den Richtlinien der Royal Dutch Medical Association (1984) müssen für den Akt der aktiven Sterbehilfe folgende 4 Voraussetzungen erfüllt sein:

- Der erwachsene Patient muß einwilligungsfähig sein.
- Der Patient muß freiwillig, wiederholt und dokumentiert seinen Wunsch nach aktiver Sterbehilfe geäußert haben.
- Der Patient muß unerträglich leiden, ohne Aussicht auf Besserung, wenngleich er sich nicht im Zustand des Sterbevorganges zu befinden braucht.
- Der ausführende Arzt muß einen an der Behandlung unbeteiligten zweiten Arzt über das Vorhaben konsultieren. Es besteht gesetzliche Meldepflicht an eine staatlich bestellte Kontrollkommission aus Medizinern, Juristen und Ethikspezialisten.

Auch im Bericht "Euthanasie und Pastoral" der Synoden der beiden reformierten Kirchen der Niederlande (Hervormde Kerk und Gereformeerde Kerk) wird die Entscheidung, das eigene Leben beendigen zu lassen, als in bestimmten Fällen für verantwortbar erklärt [89].

In den Niederlanden wurden 1991 nach dem offiziellen Remmelink-Bericht von den Ärzten 2300 Patienten auf ausdrücklichen Wunsch "euthanasiert"; in weiteren 400 Fällen leisteten die Ärzte Hilfe zur Selbsttötung; in ca. 1000 Fällen beendeten sie das Leben sog. "Willensunfähiger". Noch etwas höhere Zahlen wurden für das Jahr 1995 ermittelt. Dabei dürften die Dunkelziffern erheblich höher sein. Es wird geschätzt, daß 60% der Ärzte ihre Euthanasiefälle verschweigen oder sie anders benennen [48, 49, 352, 373].

In den North-West-Territories von Australien ist 1996 ein Gesetz in Kraft getreten, das todkranken Patienten unter bestimmten Umständen ein Recht auf eine von Ärzten vorgenommene aktive Sterbehilfe einräumt. Diese Regelung wurde jedoch zwischenzeitlich aus verfassungsrechtlichen Gründen vom gesamtaustralischen Parlament wieder aufgehoben [160].

In einer Streitschrift appelliert der Mainzer Rechts- und Sozialphilosoph N. Hoerster [354] an die Strafrechtswissenschaft, dem Gesetzgeber rechtsethisch fundierte Vorschläge zu machen. Das Strafrecht leide nämlich an dem Widerspruch, "Tötung auf Verlangen" ausnahmslos unter Strafe zu stellen, die Anstiftung und Beihilfe zur Selbsttötung dagegen nur in Spezialfällen (etwa als Ehegatte oder als Arzt in sog. Garantenstellung). Sein allseits umstrittener Textvorschlag lautet:

Ein Arzt, der einen schwer und unheilbar leidenden Menschen tötet, handelt nicht rechtswidrig, wenn der Betroffene die Tötungshandlung aufgrund freier und reiflicher Überlegung, die er in einem urteilsfähigen und über seine Situation aufgeklärten Zustand durchgeführt hat, ausdrücklich wünscht, oder wenn, sofern der Betroffene zu solcher Überlegung nicht imstande ist, die Annahme berechtigt ist, daß er die Tötungshandlung aufgrund solcher Überlegung für den gegebenen Fall ausdrücklich wünschen würde.

Wie zu erwarten, mußte dieser Textvorschlag aufgrund der (normativ geltenden) moralischen Unzulässigkeit der aktiven Sterbehilfe breite Ablehnung erfahren, obwohl die Konsensbildung in der Öffentlichkeit keineswegs so eindeutig negativ ist.

Ein Entscheidungskonflikt entsteht selbstredend immer dann, wenn der erklärte Wille des Patienten mit Überzeugungen der Ärzte kollidiert.

Ein vor kurzer Zeit im Deutschen Ärzteblatt von Lauter veröffentlicher Beitrag macht auf die ambivalenten Umstände des Euthanasiebegehrens auch in Hinsicht auf ärztlich unvertretbare Meinungsbildungen in unserer Gesellschaft ("sozialer Gemeinsinn") aufmerksam [51].

Niemand, nicht einmal der Patient selbst kann ausschließen, daß hinter seinem Wunsch nach einem raschen Ende eigentlich etwas ganz anderes steht: die möglicherweise unbegründete Angst vor unerträglichem Leiden, Depression, Abhängigkeit, Entstellung, Einsamkeit oder auch der Wunsch nach Entlastung der Umgebung. Man muß in diesem Zusammenhang wissen, daß in Deutschland nur für maximal 2% unserer Sterbenskranken ein Hospiz- bzw.Palliativbett zur Verfügung steht. Die Folge: ein paar Tausend Verzweifelte wählen jährlich den Freitod [332].

Hochrangige niederländische Ärztevertreter haben nie einen Hehl daraus gemacht, daß zu einem späteren Zeitpunkt die Euthanasieregelung auch jugendlich Schwerkranke, schwergeschädigte Neugeborene, Komatöse, demente Ältere oder geistig Schwerstbehinderte einbeziehen könnte [62]. Nach Meinungsumfragen wird auch die unfreiwillige Euthanasie bereits von drei Vierteln der holländischen Bevölkerung gebilligt [83].

Die Gefahr einer fortschreitenden Einschränkung des Lebensschutzes wird schließlich alarmierend vor dem Hintergrund steigender Gesundheitskosten und der Überalterung der Bevölkerung. Dieser ökonomische und soziale Druck bedroht schon heute die Toleranz gegenüber kranken, behinderten und pflegebedürftigen Menschen. Bei Anerkennung der Tötung auf Verlangen als gesellschaftlicher Normalität steht zu befürchten, daß alten, pflegebedürftigen Menschen dieses Verlangen bald als soziale Pflicht erscheinen wird; eine Form erzwungener Freiwilligkeit.

Neue Software (Score-Systeme) macht es möglich, aus den Krankheitsdaten die Heilungschancen eines Patienten und dessen Lebensprognose zusammen mit den wahrscheinlichen Kosten abzuschätzen [163]. Die Möglichkeit einer Verkürzung der kostenintensiven Sterbephase legt es nur allzu nahe, daß sich die Forderung nach Euthanasie mit den materiellen Interessen der Gesunden und Jüngeren in der Gesellschaft unheilvoll verknüpfen wird. Die individuelle Selbstbestimmung degeneriert so unversehens zur gesellschaftlichen Mehrheitsfindung.

Der Preis für die Sicherheit eines schnellen Todes ist die Zumutung an einen anderen, die Tötung zu vollziehen. Bezahlen soll diesen Preis schließlich ein Berufsstand, der gerade der Erhaltung des Lebens, der Heilung von Krankheiten und der Linderung von Krankheiten verpflichtet ist. Weit entfernt davon, bei der Euthanasie nur Handlanger des Patientenwillens zu sein (wie er wohl glauben mag), macht sich der Arzt vielmehr in einer Person zum Richter *und* Vollstrecker eines Urteils über den Wert oder Unwert eines Lebens. Der Heilauftrag des Arztes kann keine Lizenz zum Töten werden. Nicht zu Unrecht wird in diesem Zusammenhang auf das zwiespältige Tun beim Schwangerschaftsabbruch verwiesen. (S. hierzu auch [281] und die zitierten Ausführungen Hufelands in Kap. 3.)

Die Forderung nach der Abschaffung von Leid durch Beseitigung des Leidenden mißbraucht die Medizin

zur Verwirklichung individueller Glücksvorstellungen und
zur Leidvermeidung um jeden Preis.

9.3 Die Thesen von P. Singer

Zur Polarisierung der Diskussion haben die für unser Empfinden unerträglichen Thesen des australischen Bioethikers
Peter Singer beigetragen:

> Der Schritt, Überlegungen zur Lebensqualität bei Ent-
> scheidungen über Leben und Tod zuzulassen, ist einer
> der zentralen Bestandteile einer neuen Ethik, die sich in
> den Krankenhäusern, Gerichten und Parlamenten der
> westlichen Welt durchsetzt. [98, 373]

Für Singer macht es keinen Unterschied, einen
Menschen sterben zu lassen oder ihn, wenn er schwer leidet
und keine Aussicht auf Änderung seiner Situation besteht,
aktiv zu töten. "Wir müssen zugeben, daß wir nicht jedem
Menschen das gleiche Recht auf Leben zuerkennen" [98].
Dies gelte sinngemäß für schwerstgeschädigte Neugeborene,
Alzheimer-Patienten im weit fortgeschrittenen Stadium
oder für apallische Komapatienten.

Weitere provozierende Thesen Singers [98]:
"Da ein Fötus keine Person ist, hat kein Fötus denselben
Anspruch auf Leben wie eine Person " und " ... das Leben
eines Neugeborenen hat also weniger Wert als das Leben
eines Schweins, eines Hundes oder eines Schimpansen " und
" So scheint es, daß etwa die Tötung eines Schimpansen
schlimmer ist als die Tötung eines schwer geistesgestör-
ten Menschen, der keine Person ist" [98].

Auch seine neue Publikation [373] stellt den
Versuch dar, den Zusammenbruch der traditionellen Ethik

systematisch zu begründen ("Leben ohne Bewußtsein hat keinerlei Wert" oder: Beurteilung der Fortsetzung des Lebens "durch Abwägung"; ferner: "Erkenne, daß der Wert menschlichen Lebens verschieden ist").

Wer soll den Wert menschlichen Lebens bemessen? Aufgrund welcher Kriterien soll "abgewogen" werden? Garantiert der öffentliche Diskurs noch den Schutz von kranken Minderheiten? Spielen bei der Lebensbewertung ökonomische Interessen mit?

Töten oder sterben lassen? heißt ein neues Buch von Spaemann und Fuchs: Die geistesgeschichtlichen Ursachen der Euthanasiebefürwortung sehen die Autoren in jener Wertphilosophie, die sich anmaßt, vom Wert des menschlichen Lebens zu sprechen. Sie halten mit Kant dagegen, daß der Mensch keinen Wert (Nutzwert), sondern eine Würde habe. Werden Lebensphasen, in denen Krankheit und Leiden dominieren, erst einmal als wertlos erachtet, dann steht das ganze Leben, das ja nie leidensfrei gedacht werden kann, auf dem Spiel.

Hinter der Forderung, die aktive Euthanasie zu legalisieren, sieht Spaemann die gnadenlose Ideologie einer Spaßgesellschaft, die es nicht ertrage, daß Menschen leiden müssen – eine unheimliche Verwandtschaft zwischen Gefühlsduselei und Mordmentalität [161]. Sentimentalität immunisiere die Urteilskraft gegen das standesrechtliche Tötungsverbot unter der Annahme, man müsse doch schließlich etwas tun können. Tödliches Mitleid wird zum Leitmotiv, eine sentimentale Stimmung durchbricht allmählich die Tötungshemmung [162]. hierzu auch [107].)

Nach moraltheologischen Überlegungen E. Schockenhoffs liegt der künstlichen Verlängerung des Le-

bens um jeden Preis und der absichtlichen Herbeiführung
des Todes, auch wenn sie in vielfacher Hinsicht entgegengesetzten Absichten entspringen, eine verwandte Einstellung zugrunde, die der Annahme des eigenen Todes aus-
weicht [54].

10 Hirntod und Organentnahme

Thanatologie ist das Wissen um den physischen Tod und sein Erscheinungsbild. Thanatos verkörpert in der griechischen Mythologie das Sterben, er ist der Zwillingsbruder von Hypnos als Sinnbild des Schlafs.

Im abendländischen Kulturkreis wird von altersher der Eintritt des Todes als "Exitus letalis" bezeichnet. Mit dieser Aussage ist die dualistische Vorstellung verbunden, daß die Seele den sterbenden Menschen verlassen hat (exitus), was für seinen Körper todbringend (letalis) ist [31].

Das Wesen des physischen Todes liegt im Aufhören der zentralen Koordination der einzelnen Lebenserscheinungen und Organfunktionen; sein sichtbarster Ausdruck ist der endgültige Stillstand des Herzens und der Atmung.

10.1 Kriterium des klinischen Todes

Als unsicheres Kriterium des klinischen Todes gilt der Herz-Kreislauf-Stillstand [356], bei Fällen mit kurzer Agonie oft erkennbar an den maximal erweiterten, lichtstarren Pupillen. Diesen Zeitpunkt wird man retrospektiv und im Regelfall auch als den des *Individualtodes* ansehen, weil der damit unmittelbar verbundene Verlust des Bewußtseins alsbald durch den Organtod des Gehirns irreversibel wird.

In dieser kurzen Phase der "vita minima" zwischen Herz-Kreislauf-Stillstand und Gehirntod können Reanimationsmaßnahmen erfolgreich sein. Der klinische Dauererfolg ist von der Dauer der Unterbrechung der Hirndurchblutung abhängig. Schon nach 10–20 Sekunden kommt es zu (reversiblen) funktionellen Störungen; 3–4 Minuten führen meist zu irreparablen Schäden.

Unklarheiten über den juristisch relevanten Zeitpunkt des Todeseintritts könnten sich bei solchen Beatmungsfällen ergeben, bei denen das "isolierte" Absterben des Großhirns einen unscharfen Übergang in eine Phase "vegetativen Lebens" einleitet. Noch konkreter: Wenn bei fehlender, durch ein Beatmungsgerät ersetzter Spontanatmung bewußtloser schwerst Hirnverletzter das Herz noch tage- oder gar wochenlang tätig ist, muß u. U. der Organtod des Gehirns zum Kriterium des *Individualtodes* gemacht werden [32].

Besser als durch abstrakte Formulierungen sollen im folgenden anhand von klinischen Beispielen die heute international gängigen Verfahrensweisen erläutert werden.

Erstes Beispiel

Die 83jährige Frau wird von Nachbarn bewußtlos und offenkundig "leblos" – weil ohne Atmung – aufgefunden. Der herbeigerufene Notarzt stellt den Stillstand von Atmung und Herzschlag fest, außerdem als sichere Todeszeichen flächenhaft konfluierte Totenflecke an allen abhängigen Körperpartien und eine beginnende Leichenstarre am Kiefergelenk, was auf einen seit mehr als 2 Stunden eingetretenen Tod schließen läßt.

Zweites Beispiel

Die Nachtschwester einer Station bittet den Diensthabenden um die Leichenbeschau und Ausstellung des Totenscheines bei einer angeblich soeben verstorbenen 75jährigen Patientin. In dem schwach erleuchteten Krankenzimmer findet er die Frau ohne Atmung und ohne tastbaren Puls, aber ohne Totenflecke und ohne Totenstarre vor. Daraufhin unterschreibt er den Totenschein nicht und kündigt die Leichenbeschau erst für den nächsten Morgen an. Zu seiner nicht geringen Überraschung trifft er dann die Patientin sitzend im Bett beim Frühstück an.

Medizinisch spricht man vom *Scheintod* beim Darniederliegen vitaler Grundfunktionen mit scheinbarem Fehlen von Herz- und Atemtätigkeit, wie sie bei Vergiftungen, Unterkühlung oder in Form eines rhythmischen Atemstillstandes als sog. Cheyne-Stokes-Atmung als Symptom zerebraler Durchblutungsstörungen jedem kundigen Arzt geläufig sind.

Drittes Beispiel

Der 23jährige bricht während eines Tennisturniers plötzlich bewußtlos zusammen. Er wird verzögert und technisch unzulänglich reanimiert; nach 20 Minuten trifft der Notarzt ein, setzt die Reanimation fachkundig fort und stellt per EKG eine lebensbedrohliche Herzrhythmusstörung, eine Kammertachykardie von 220/min, fest. Eine sofortige elektrische Defibrillation bewirkt unmittelbar eine Regularisierung der Herzschlagfolge, jedoch bleibt der Patient danach und auf Tage, Wochen und Monate bewußtlos. Dabei besteht eine normale Herz- und Atemtätigkeit bei weitgehend normaler Grundaktivität im EEG.

Es handelt sich hierbei um ein sog. *apallisches Syndrom*, eine Form des dissoziierten Hirntodes (Teilhirntod, [356]), also um einen Zustand, in dem viele Reanimationsfälle nach Hirnschädigungen verschiedener Genese hospitalisiert bleiben müssen. Die Frage, ob es sich um ein Endstadium handelt, ist klinisch oft lange Zeit schwer zu entscheiden, da selbst nach Monaten erstaunliche kortikale Leistungen zurückkehren können und die Dauer des Syndroms mehr vom Ausmaß der Ödemnekrosen im Marklager abzuhängen scheint. Nach über 12 Monaten dauernder Bewußtlosigkeit spricht man vom "permanent vegetativen Zustand". Der Tod tritt in diesen Fällen meist durch eine infektiöse Komplikation ein.

Aus dem Gesagten ergibt sich ganz klar, daß der klinisch meist nicht exakt faßbare Kortikalschaden bei erhaltener Stammhirnfunktion nicht zum Kriterium des Individualtodes gemacht werden kann [32].

Viertes Beispiel

Das 16jährige Mädchen wird auf dem Fahrrad von einem Auto erfaßt, durch die Luft geschleudert, prallt gegen eine Hausmauer und bleibt schließlich bewußtlos liegen. Herbeieilende Augenzeugen lagern das Mädchen, das noch atmet, am Ort des Geschehens und rufen den Notarzt herbei. Dieser bringt das Verkehrsopfer in das nächstgelegene Klinikum. Schon auf dem Weg dorthin sistiert die Spontanatmung und macht eine Intubation und künstliche Beatmung notwendig.

In der Klinik wird aufgrund der rasch erfaßbaren Symptome

- Koma,
- Hirnstammareflexie,
- Lichtstarre bei der Pupillen,
- Fehlen von Reaktionen auf Schmerzreize im Trigeminusbereich,
- Ausfall der Spontanatmung

die Diagnose "Hirntod" gestellt. Zur Sicherung dieser folgenschweren Feststellung werden ergänzende apparativ-technische Untersuchungen (s. unten) durchgeführt, die die klinische Diagnose bestätigen. Das hirntote Mädchen wird in den nächsten Stunden künstlich beatmet; andere Organstörungen z. B. des Herzens, der Lungen, der Nieren etc. bestehen nicht. Nach mehreren Gesprächen mit den behandelnden Ärzten stimmen die erschütterten Eltern einer Entnahme von Organen zu.

10.2 Zur Definition des Hirntodes

"Hirntod" wird definiert als Zustand des irreversiblen Erloschenseins der Gesamtfunktion des Großhirns, des Kleinhirns und des Hirnstammes bei einer durch kontrollierte Beatmung noch aufrechterhaltenen Herz-Kreislauf-Funktion. De facto gilt in den meisten westlichen Ländern das endgültige Erlöschen aller Hirnfunktionen des Menschen als dessen Tod. Der Hirntod ist aus biologischer Sicht der Tod des Menschen [31]. Mit dem Hirntod ist das Ende des Lebewesens als einer gesteuerten Selbstorganisation, als einer Einheit zwischen Körper und Geist eingetreten [90].

Mit der Gleichsetzung von "Hirntod = Individualtod" gerät man allerdings in das Fahrwasser anthropologischer und theologischer Kontroversen über die Frage, wann denn eigentlich der Mensch in seiner seelisch-leiblichen Einheit (Person und Leib) tot sei.

Von den Kirchen wird die Organspende als hochherziger Akt der Nächstenliebe über den Tod hinaus anerkannt. In der gemeinsamen Erklärung des Rats der Evangelischen Kirche in Deutschland (EKD) und der Deutschen Bischofskonferenz (DBK) vom 02.07.1990 befürworten die beiden großen Kirchen ebenso wie die Charta des Päpstlichen Rates für die Seelsorge im Krankendienst die Organtransplantation und die Voraussetzung ihrer Durchführung anhand des biologischen Hirntodkriteriums mit der Ineinssetzung von personalem menschlichen Leben und Gehirn:

Der unter allen Lebewesen einzigartige menschliche Geist ist körperlich ausschließlich an das Gehirn gebunden. Ein hirntoter Mensch kann nie mehr eine Beobachtung oder Wahrnehmung machen, verarbeiten und beantworten, nie mehr einen Gedanken fassen, verfolgen und äußern, nie mehr eine Gefühlsregung empfinden und zeigen, nie mehr irgendetwas entscheiden.

Dieser Argumentation ist der Deutsche Bundestag mit seiner Beschlußfassung zum Transplantationsgesetz (am 01.12.1997 in Kraft getreten) gefolgt.

Die Gegner gegen die Gleichsetzung von Hirntoten mit Leichen halten es für falsch zu behaupten, die Existenz des Organismus als eines integrativen Ganzen ende dort, wo der eigenständige Beitrag des Gehirns – genauer: des vegetativen Hirnstammes – dazu entfalle [33]. Denn:

"Leichen bekommen kein Fieber und tragen keine Kinder aus." Der Vorwurf, diese neue Todesdefinition sei eingeführt worden, um der Transplantationsmedizin frische Organe zu beschaffen, wird heute noch bestritten. Für die dann weltweit maßgeblichen Überlegungen des Ad-Hoc-Komitees der Harvard Medical School von 1968 läßt er sich jedoch belegen. Der Vorsitzende Henry Beecher erklärt drei Jahre später: "Es ist am besten, einen Zustand auszuwählen, in dem zwar das Gehirn tot ist, aber die Brauchbarkeit anderer Organe noch gegeben ist. Das haben wir dem, was wir die neue Definition des Todes nennen, zu verdeutlichen versucht."

10.3 Zur Diagnostik des Hirntodes

Der praktische Nachweis des Hirntodes ergibt sich aus der Begriffsbestimmung als vollständiger und bleibender Verlust der gesamten Hirntätigkeit. Schon begrifflich sind alle noch so schweren Schäden mit einer wenigstens teilweise erhaltenen Hirntätigkeit ausgeschlossen, ebenso alle Zustände einer nur vorübergehenden fehlenden Hirnleistung (z. B. endogene oder exogene Intoxikationen).

Die Feststellung des Hirntodes umfaßt demnach drei Aussagen:

- Jetzt fehlen alle Zeichen einer Tätigkeit des Gehirns;
- die Hirntätigkeit fehlt infolge der tödlich verlaufenen Schädigung oder Krankheit;
- die Hirntätigkeit fehlt nicht nur jetzt, sondern sie fehlt für immer [31, 34].

Nach wie vor kann der Eintritt des Hirntodes durch rein klinisch zu beobachtende Kriterien (s. oben) mit der notwendigen Sicherheit erkannt werden. Den apparativ-technischen Methoden kommt weiterhin die Bedeutung von ergänzenden, fakultativ anzuwendenden Untersuchungen zu [31, 35].

Maßgebliche *klinische Symptome* des Ausfalls der Hirnfunktion sind:

1. Bewußtlosigkeit (Koma);
2. Lichtstarre beider, wenigstens mittel-, meistens maximal weiten Pupillen, wobei keine Wirkung eines Mydriatikums vorliegen darf;
3. Fehlen des okulozephalen Reflexes;
4. Fehlen des Kornealreflexes;
5. Fehlen von Reaktionen auf Schmerzreize im Trigeminusbereich;
6. Fehlen des Pharyngealreflexes;
7. Ausfall der Spontanatmung [31].

Von den *Untersuchungen mit Geräten* haben bisher nur drei allgemeine Anerkennung als Beleg einer für immer fehlenden Hirntätigkeit gefunden:

1. die Aufzeichnung der fehlenden Hirnströme (kontinuierlich über 30 min);
2. die Aufzeichnung der fehlenden elektrischen Erscheinungen im Gehirn nach einer Reizung des Gehörs (evozierte Potentiale);
3. die Darstellung der Hirngefäße (Dopplersonographie, Angiographie, Perfusionsszintigraphie) mit dem Befund einer fehlenden Durchblutung des Gehirns [31, 36, 38].

Der Tod eines Organspenders wird durch zwei Ärzte festgestellt. Sie *müssen* (nicht nur: sollen) unabhängig sein von den mit der Organübertragung befaßten Chirurgen; wenigstens einer der beiden Ärzte *muß* (nicht nur: soll) eine mehrjährige Erfahrung in der Intensivbehandlung der zum Tod führenden Krankheit oder Schädigung haben. Diese Regelung geht zurück auf eine Empfehlung des Weltärztebundes und ist in dem entsprechenden Text des Wissenschaftlichen Beirates der Bundesärztekammer festgelegt [31, 36].

Als *Spenderkriterien* gelten:
1. Die klinischen Zeichen des Hirntodes sind nachweisbar;
2. ein vorbestehender irreversibler Schaden des zu entnehmenden Organs kann ausgeschlossen werden (eine passagere Funktionsverschlechterung ist keine Kontraindikation);
3. eine Übertragung von Krankheiten (z. B. Sepsis, Malignom) ist unwahrscheinlich (eine lokale Infektion ist keine Kontraindikation);
4. das Lebensalter liegt unter 65 Jahren [39].

Die große Mehrzahl der Organspender (etwa 80%) sind Opfer von Unfällen, hauptsächlich Verkehrsunfällen; unter den übrigen Ursachen finden sich am häufigsten Hirnblutungen aus internistischer Ursache [36].

Derzeit kann das Herz bis zu etwa 4–6 Stunden, die Bauchspeicheldrüse bis zu etwa 8 Stunden und die Leber bis höchstens 20 Stunden aufbewahrt werden. Eine Ausnahme macht die Niere, die bis zu 50 Stunden nach der Entnahme (gekühlt) noch an den Kreislauf des Empfängers angeschlossen werden kann [40].

10.4 Juristische Aspekte der Organentnahme

Nach Erlaß des deutschen Transplantationsgesetzes vom
01.12.1997 haben frühere strafrechtliche Bestimmungen nur
noch untergeordnete Bedeutung und seien hier am Rande
erwähnt.

Strafrechtlich kommt § 168 StGB, die Strafvorschrift zum Schutz der Totenruhe, in Betracht. Danach wird
bestraft, wer unbefugt Leichenteile aus dem Gewahrsam
des Berechtigten entfernt. – Nach § 62a des Krankenanstal-
ten-Gesetzes in der Fassung vom 01.06.1982 ist es jedoch
zulässig, Verstorbenen einzelne Organe oder Organteile zu
entnehmen, um durch deren Transplantation das Leben
eines anderen Menschen zu retten oder dessen Gesundheit
wiederherzustellen [41].

Die Widerspruchslösung. Die Entnahme ist zivilrechtlich
unzulässig, wenn den Ärzten eine Erklärung vorliegt, mit
der der Verstorbene oder sein gesetzlicher Vertreter eine
Organspende ausdrücklich abgelehnt hat. Das Europäische
Parlament hat in einer Entschließung vom 27.04.1979 die
Widerspruchslösung befürwortet [41], und auch das neue
deutsche Transplantationsgesetz schließt die Widerspruchslösung neben der erweiterten Zustimmung (s. unten) ein.

**Die Rechtfertigung unter dem Gesichtspunkt des Notstan-
des.** Zivilrechtlich gilt der Leichnam als "Persönlichkeits-
rückstand". Gleichwohl gewährt aber die Rechtsordnung einen über den Tod hinaus wirkenden Persönlichkeitsschutz,
wie es sich z. B. in der Pflicht zur Beachtung von Beiset-
zungsanordnungen des Verstorbenen, im Schutz der Totenruhe, dem Verbot der Verunglimpfung des Andenkens Ver-

storbener und zahlreichen anderen gesetzlichen Regelungen zeigt.

Ein Eingriff in das fortwirkende Persönlichkeitsrecht durch Explantation eines Organs kann aber, wie jede Verletzung eines Rechtsgutes, gerechtfertigt sein. In Betracht kommt hier eine Befugnis nach den Grundsätzen des rechtfertigenden Notstandes gemäß § 34 StGB. Voraussetzung dafür ist, daß ein Rechtsgut – hier das Selbstbestimmungsrecht und das Fortwirken des Persönlichkeitsrechts des Verstorbenen – verletzt wird, um ein anderes gefährdetes Rechtsgut – dort das Leben oder die Gesundheit des Empfängers – zu schützen. Die Gefahr für dieses Rechtsgut muß gegenwärtig und der Eingriff in das beeinträchtigte das einzige Mittel zu ihrer Abwendung sein. Vor allem aber muß das geschützte Rechtsgut das durch den Eingriff beeinträchtigte wesentlich überwiegen.

Die Interessenabwägung geht hier eindeutig zugunsten der Lebens- und Gesundheitsinteressen des Organempfängers aus. Danach richtet sich auch das nunmehr geltende Recht. Es muß aber davon ausgegangen werden, daß eine vor dem Tod ausgesprochene Verweigerung der Zustimmung zur Organspende durch den Notstand nicht überwunden werden kann. Denn auch angesichts der eindeutigen Güterabwägung bleibt das Recht auf Selbstbestimmung ein fundamentales Grundrecht. Auch im neuen Transplantationsgesetz der Bundesrepublik Deutschland ist, wie schon erwähnt, der ausdrückliche Widerspruch der nächsten Angehörigen rechtswirksam.

Die Zustimmungslösung. Gemeint ist hier die Zustimmung des Spenders oder seiner nächsten Angehörigen zur Organentnahme. In einer solchen Entscheidungssituation bedeutet die Existenz eines unterschriebenen Spenderausweises für die Angehörigen eine enorme emotionale Entlastung. Der so dokumentierte Wille des Verstorbenen ist eine grundsätzliche Leitlinie für die Hinterbliebenen und hat darüber hinaus auch rechtsverbindlichen Charakter. Er entbindet also die Angehörigen von einer – stellvertretend für den Verstorbenen zu treffenden – Entscheidung [42, 39].

Nach dem neuen Gesetz ist eine Organentnahme dann zulässig, wenn der Verstorbene zu Lebzeiten eingewilligt hat oder, falls keine derartige Zustimmung vorliegt, die gesetzlich bestimmten Angehörigen nach dem mutmaßlichen Willen des Verstorbenen entscheiden (erweiterte Zustimmungslösung).

Die Einwilligung des Spenders selbst wird in der Praxis durch einen sog. Organspenderausweis dokumentiert. Der Ausweis enthält die Erlaubnis, die Organe im Falle eines Todes für eine Organtransplantation zu verwenden. Die Einwilligung in eine Organentnahme ist allerdings nicht an diese Form gebunden, sondern kann z. B. auch auf einem normalen Stück Papier erklärt werden. Liegt kein Spenderausweis vor, dann wird nach dem in Deutschland gültigen "Transplantationskodex" die Organentnahme, wie schon erwähnt, von der Zustimmung der nächsten Angehörigen abhängig gemacht – weiterreichend also im Vergleich zur Widerspruchslösung [42, 39].

Nach dem Gesetz werden daher die Angehörigen um ihre Einwilligung befragt; in der überwiegenden Zahl der Fälle wird sie heute auch erteilt, und jeder auf diesem Gebiet Erfahrene weiß: Die Zustimmung wird zu einem großen Trost für Angehörige. Er erwächst aus den drei wichtigsten und häufigsten Beweggründen der Einwilligung: nämlich zwar persönlich unbekannten, aber offenbar notleidenden Menschen entscheidend zu helfen, dazu letztlich im Sinne des Verstorbenen zu handeln und in dem Geschehenen doch noch einen Sinn zu finden. Mindestens 90% der Organspenden beruhen auf der Zustimmung der Angehörigen, nur bei 10% liegt eine zu Lebzeiten dokumentierte Entscheidung vor.

§ 12 Abs. 3 des neuen Transplantationsgesetzes etabliert außerdem bundeseinheitliche Kriterien für jede Transplantationsart. Dies bedeutet, daß zukünftig die Organe primär an Patienten nach individuellen Erfolgsaussichten und nach Dringlichkeit (z. B. Kinder unter 14 Jahren) und nicht an Transplantationszentren vergeben werden. Die Patienten erhalten individuell, quasi namentlich, "ihr" Organ, unabhängig davon, an welchem Transplantationszentrum sie zur Transplantation angemeldet sind. Diese Regelung und Entscheidung durch ein unabhängiges Audit-Komittee räumt der Chancengleichheit der Patienten höchste Priorität ein.

Wesentlich für die weitere *Entwicklung der Transplantation* wird sein, daß das Vertrauen der Bevölkerung in die Verläßlichkeit und die Respektierung der Todesgrenze gefördert wird. Immer wieder wird gefragt, ob der Spender auch wirklich tot sei, wenn seine Organe entnommen werden. Ängste und Befürchtungen verlieren sich nur, wenn sie sich als sachlich unbegründet erweisen [41].

Von den jährlich etwa 900.000 Todesfällen in deutschen Krankenhäusern kommen für eine Organspende weniger als etwa 5000 Hirntote (ohne Organschäden, ohne Infektionen) in Frage. Davon sind es dann derzeit etwa 1000 Verstorbene, bei denen es nach Einwilligung zu einer Organspende kommt.

Nach einer Mitteilung der Deutschen Stiftung für Organtransplantation wurden in den letzten 30 Jahren in Deutschland 50.000 Organtranplantationen durchgeführt; davon allein mehr als 35.000 Übertragungen der Niere. Etwa 13.000 Patienten warten in Deutschland noch auf ein Organ. Ein Teil der Patienten stirbt während der Wartezeit.

Entgegen der Hoffnung, daß die Zahl der Spenderorgane nach Inkrafttreten der gesetzlichen Regelung steigen würde, ist die Gesamtentwicklung derzeit eher rückläufig. Einer der Gründe ist der Rückgang der Verkehrtoten, ein anderer die Distanzhaltung von Ärzten und Angehörigen. Um diesem Mangel abzuhelfen, verpflichtet das geltende Transplantationsgesetz die Krankenhäuser zur Meldung potentieller Organspender an die Transplantationszentren, sofern die medizinischen Voraussetzungen gemäß den Richtlinien zur Feststellung des Hirntodes erfüllt sind. Vielen Ärzten ist dieses Verfahren zu zeitaufwendig und zu umständlich.

10.5 Ethische Aspekte der Organentnahme

Bei dem beträchtlichen Organmangel ist nicht nur die schon genannte Öffentlichkeit anzusprechen, sondern vor allem die Kooperation der Ärzte zu beleben. Man soll allerdings nicht verkennen, daß die geforderte kooperative Einstellung ein Vorgang ist, der die traditionelle ärztlich-ethische Perspektive erweitert und daher für viele noch ungewohnt ist. Das Bewußtsein eines behandelnden Arztes, nach der erfolglosen maximalen Anstrengung der Lebensrettung des eigenen Patienten auf der Stelle in die Perspektive der Verantwortung für einen unbekannten schwerst Lebensbedrohten zu wechseln, bedarf einfach der "Einübung" [43]. Der Kliniker E. Buchborn bezeichnet die Vernachlässigung der zweiten Perspektive gegenüber dem todgeweihten Organempfänger als "unterlassene Hilfeleistung im moralischen Sinne".

Trotz der Verschiedenheit der philosophischen und religiösen Letztbegründungen lassen sich aus ärztlicher Sicht gewisse allgemeine ethische Prinzipien aufstellen, die sich breitester Zustimmung erfreuen:

- Die Handlung muß im Lichte des Respektes vor der Selbstbestimmung und der Menschenwürde geschehen;
- die Handlung muß die Lebensrettung oder die Verbesserung von Gesundheits- und Lebenssituationen zum Ziel haben;
- die Handlung muß sozial zuträglich sein in dem Sinne, daß sich Nutzen und Lasten sozial angemessen verteilen [45].

Zu den Überlebenschancen und zur Lebensqualität von organtransplantierten Empfängern siehe Kap. 7.4.

10.6 Lebendspende, Xenotransplantation

Das neue Transplantationsgesetz hat auch die Voraussetzungen für die Durchführung einer Lebendorganspende (z. B. einer Niere) geschaffen (§7).

Neben Verwandten 1. und 2. Grades können jetzt auch Ehepartner sowie Verlobte oder andere Personen, die dem Empfänger persönlich nahestehen und bei denen eine Übereinstimmung der Blutgruppen erwiesen ist, das Organ spenden. Strikte Voraussetzung dafür ist die Freiwil-

ligkeit und die Abschätzung des gesundheitlichen Risikos
des Spenders wie auch seine Aufklärung über mögliche
Spätfolgen durch den Eingriff und ein entsprechender
Kom-
missionsbeschluß; letztlich auch deswegen, um einen Or-
ganhandel auszuschließen.

In Deutschland warten jährlich etwa 100 Kinder auf eine neue Leber, weil sie wegen angeborener Stoffwechselstörungen und
Fehlbildungen der Gallengänge an chronischem Leberversagen
leiden. 80 dieser Kinder werden mit Leberteilen verstorbener er-
wachsener Spender versorgt. 20 Kinder pro Jahr werden mit einer
Leberlebendspende von Eltern gerettet. – Etwa 6% aller verpflan-
zen Organe stammten 1996 von Lebenden, meist von nahen Verwandten und Ehepartnern.

Die Transplantation von Tierorganen auf den
Menschen (Xenotransplantation) befindet sich noch in einem experimentellen Entwicklungsstadium. Ein erster Versuch des amerikanischen Herzchirurgen Bailey im Jahre
1984, einem Säugling mit einem angeborenen Herzfehler
das Herz eines Pavianweibchens einzupflanzen, scheiterte
an der Abstoßungsreaktion nach 3 Wochen. Ein Vorhaben
in Großbritannien, ein transgenes Schweineherz zu über-
pflanzen, wurde 1996 von der Regierung nicht zugelassen.
Die Gefahr einer Xenotransplantation wird
heute hauptsächlich in der Übertragung von Krankheit-
serregern (z. B. von endogenen Retroviren des Schweins,
HI-Viren) gesehen, die bisher nur bei Tieren auftraten,
durch die Transplantation aber den Sprung über die Arten-
grenze schaffen und sich dann weiter unter den Menschen ausbreiten könnten [164, 355]. Bzgl. der Einordnung
eines Xenotransplantates in das Arzneimittelrecht s. [375].

11 Resümee und Ausblick

Wissen vermittelt Gewißheiten unterschiedlicher Trenn-
schärfe, von der Beobachtung kausaler Vorgänge über die
unmittelbar praktische Evidenz [273] bis hin zum sokratischen Wissen um das Nichtwissen. Der Mensch als empiri-
sches Ich.

Das *Gewissen* ist Wissen um das Gutsein, in
dem sich das Wertgefühl des einzelnen Menschen Geltung
verschafft. Der Mensch als moralisches Handlungssubjekt.
Le cœur a des raisons que la raison ne connaît pas (Pascal).

Wissen wird auf verschiedenen Ebenen erworben:

- als individuelle alltägliche Erfahrung
  (Alltagsverstand);
- als (tradierte) geschulte Erfahrung
  (z. B. Schule, Handwerk, Studium);
- als wissenschaftlich (methodisch) erforschbares und
  begründbares Wissen;
- als Ergebnis übergreifender Denkbewegungen
  (Philosophie).

Diese Einteilung weicht mit Blick auf die Dominanz der positiven Wissenschaften von Platons Dreitei-

lung in ausübende (praktische), herstellende (poietische) und betrachtende (theoretische) Wissenschaften ab.

Wissen als individuelle Erfahrung. Es gibt es einen Gewißheitsbegriff des Alltagsverstandes, der so viel bedeutet wie "hinreichend sicher für praktische Zwecke". Wie weit man sich auf das subjektive Urteil verlassen soll, hängt allerdings von der Erwartung möglicher Konsequenzen ab [212]. Wissenschaftliche Welterkundung unterscheidet sich vom naiven Rationalismus des Alltagsverstandes durch reflektierte Methodizität. (Zur Kritik des gesunden Menschenverstandes s. auch [259].)

Wissen als tradierte Erfahrung. Das Werk unserer Hände (homo faber) – und nicht das "animal laborans" – verfertigt die schier endlose Vielfalt von Dingen, deren Gesamtsumme sich zu der von Menschen mit Hilfe von Werkzeugen und Geräten erbauten Welt zusammenfügt. Die Natur liefert dazu das bloße Material. In der *Ausschließlichkeit* der für die Herstellung von Dingen gültigen (und durch Schulung tradierten) Erfahrungen werden Nützlichkeit und Zweck dienlichkeit im Sinne eines naiven Utilitarismus und Konsumismus zu gültigen Maßstäben für das Leben und die Welt der Menschen (s. dazu H. Arendt [333]).

Methodisch begründbares Wissen. "Rerum cognoscere causas" (Horaz): Wissenschaftliche Erkenntnisse sind propositional, d. h. sie sind an Voraussetzungen (z. B. Hypothese, Methode, Auswertung und Deutung) gebunden und deshalb partikular. Weder reduktive noch holistische Ansätze gewähren Einblicke in letzte innewohnenden Ursachen der Natur. Die Summe aller Teile ist nicht das Ganze. Die menschliche Erkenntnisfähigkeit scheitert an der Komplexität der Natur. Nichtsdestoweniger muß man davon ausgehen, daß auch komplexen Systemen in Natur und Gesellschaft ein inneres Ordnungsgefüge kausaler Art zugrundeliegt. Wissenschaften suchen, methodisch begrenzt, aus dieser Gemengelage kausal erklärbare, wenngleich inkompatible (hier: nicht immer zusammenfügbare) Stücke herauszuschneiden und als (partikulare) Erkenntnis zu etikettieren.

Begrenzte Evidenz wissenschaftlicher Erkenntnisse: Je enger die Kausalbeziehung zweier Variabler (durch Reduktion) gefaßt wird, um so bestimmter die Aussage; allerdings mit der weiteren Einschränkung, daß eine reziproke Beziehung besteht zwischen der Bestimmtheit einer Aussage und ihrer Treffsicherheit (Richtigkeit).

Je weiter die Kausalbeziehung zweier Variabler gefaßt wird, um so unschärfer (unbestimmter) die Aussage und um so unsicherer die Kausalbeziehung an sich: fließender Übergang zur bloßen Koinzidenz in einem komplexen System.

Natürliche Systeme sind komplexe Systeme. Die Untersuchung komplexer Systeme erfolgt durch bloße Zustandsbeschreibung, durch Systemreduktion (kausale Ausagen) oder entlang einer Systemtheorie; letztere basiert auf der Verknüpfung von zuvor reduktiv ermittelten Subsystemen. Der Versuch einer Synthese aller Wissenschaften als "Einheit des Wissens" [302] ist eine Utopie. Selbst die gedanklich viel enger gefaßte Debatte der Physiker Hawkin und Penrose [305] mit dem Ziel, die Quantenfeldtheorie mit der allgemeinen Relativitätstheorie zu einer Theorie der "Quantengravitation" zu vereinigen, blieb bisher kontrovers.

Lückenhaft und umstritten ist auch der naturalistische Aspekt einer Einheit von Hirnfunktion und Bewußtsein im Schnittpunkt von Philosophie und Neuropsychologie. Utopisch sogar ist die Vorstellung, syntaktische Formulierungen (Computersprache) könnten sprachliche Bedeutung emergieren. Noch immer gilt: Die Natur existiert unabhängig von den erkennenden Subjekten. Der hohe Grad an Formalismus in Technik und Wissenschaft antagonisiert individuelle Kreativität und Phantasie. Über Sinn und Unsinn einer Idee entscheiden nicht Algorithmen, sondern Abstraktionsvermögen und Vorstellungskraft. Je berechnender die Intention innerhalb komplexer Systeme, um so höher die Quote möglicher Mißerfolge.

Ungebrochen ist die Wissenschaftsgläubigkeit des Empirismus: "Die Naturwissenschaft ist unsere größte Hoffnung: ihre Methode ist die Fehlerkorrektur" (Popper [288]). Faktizität vor Deutelei! Aber auch "naiver Rationalismus" dann, wenn komplexe Zustände in Natur und Gesellschaft auf simple Kausalität reduziert werden. In der Medizin spricht man in diesem Fall von "Monokausalitis" [339, 346]) (s S. 49).

Die Wissenschaft schreitet fort von Hypothese zu Hypothese. Der Handelnde braucht Überzeugungen und gute Gründe um handeln zu können. Erkennbar ist eine sich steigernde Interferenz von Wissenschaft und Leben. Dabei reißt die fortschreitende Wissenschaft das Leben mit sich, ohne daß es eine wissenschaftliche Instanz gäbe, die zu beurteilen vermöchte, ob dies – einmal abgesehen von akzidentellen Fortschritten verbesserter Lebensumstände für Gesunde und Kranke – auch für das Leben im weitesten Sinne einen Fortschritt bedeutet. Die Entwicklung eines sozialen Systems, das auf naturbeherrschender Wissensakkumulation beruht, menschlicher Verfügung entgleitet und nicht mehr Identifikationsobjekt für Subjekte ist, kann nicht als Fortschritt verstanden werden [8].

Die Moderne verweigert sich deshalb nicht von ungefähr dem cartesianischen Intellektualismus; sie existiert vielmehr in einer Vielfalt von subjektiven Welten, die nicht aufeinander reduzierbar sind [358]. Wie schon Lichtenberg sagte: "Doch nichts setzt dem Fortgang von Kultur und Wissenschaft mehr Hindernis entgegen, als wenn man zu wissen glaubt, was man noch nicht weiß."

Wissen als Ergebnis übergreifender Denkbewegungen. Ein übergreifendes, verschiedene Immanenzebenen (praktische Evidenz, Wissenschaft, Kunst, Philosophie) verknüpfendes Denken und Handeln durchtränkt in einer Lebenswelt zwischen Kontingenz und Notwendigkeit unsere verantwortliche Lebenspraxis. Sie gibt der Person ihre eigene Würde und im Bewußtsein ihrer Erkenntnisgrenzen ihre Weisheit.

Mögen diese Immanenzebenen erkenntnis- und handlungstheoretisch sorgsam getrennt bleiben, in der Lebenspraxis verknüpfen sie sich vielfältig, komplex wie das Leben selbst, und ihre darauf bezogenen Handlungen rechtfertigen sich allein aus der pragmatischen Idee des dem Menschen Nützlichen und Zuträglichen. "Er ist ein Schilfrohr", hat Pascal gesagt, "aber ein Schilfrohr, das denkt!"

Die auf die Wissenschaften gegründete Einsicht in die partikularen Erkenntnismöglichkeiten des Menschen treibt das kritische philosophische Denken voran. Jeder nachdenkende Mensch nimmt die Position eines Philosophen ein, wenn er seine Lage oder mit Empathie die seiner Umgebung als Problem erkennt, hinterfragt und – weiter dann – *konstruktiv* zu neuen Begriffen und Urteilen und schließlich zum Handeln vordringt und *dekonstruktiv* gegen die großen Vereinfacher.

So begründen Daseinsanalyse und Kommunikation (individuell, interpersonal und gesellschaftlich) in ihrer letzten Auswirkung eine umgreifende Kulturphilosophie, der aufgrund ihrer immerfort aktuell ausgelösten Denkbewegungen in den Färbungen einer jeweiligen Gestimmtheit kein statischer Inhalt im Sinne einer Ideologie oder einer wie immer formulierbaren Weltanschauung anhaftet. An diesem Punkt trifft sich "altes" Wissen und Denken mit den Ismen der Moderne. "Plus ça change, plus c'est la même chose."[318].

Für die *Praxis der Lebensbewältigung*, d. h. für die Bewältigung von Leiden, von Schuld und für das Menschsein unter Menschen, sind Sinnstiftung und die Frage nach dem Sinn des Lebens fundamental, nicht letztbegründbar, aber wertbezogen. Sie sind Akte individueller Gestaltung, im Wissen um die Bedingtheit von Anlage und Umwelt (System) und abseits von einem Menschenbild als einem im wesentlichen Triebe und aktuelle Bedürfnisse befriedigenden Wesen. Zu diesem Dasein in persönlicher Freiheit gehört dann auch, die Unüberschaubarkeit des Ganzen, die Uneinsehbarkeit der Sinnfülle dieses Ganzen, die Unbeweisbarkeit des "Übersinns", die Begrenzheit empirischen Wissens und wissenschaftlicher Erkenntnis auf sich zu nehmen und mit seinem "Willen zum Sinn" in einem herrschaftsfreien Diskurs (als Idealtypie) authentisch auszugestalten [91]. Der Wunsch nach idealem Konsens, nach Konfliktfreiheit zieht eher Konflikt nach sich. Dissens im Diskurs hingegen fördert konsensuelle Prozesse.

Aus pragmatischer Perspektive (learning by doing) zielt die gedankliche Verbindung von Wissen und Gewissen darauf ab, das Sachgerechte mit dem Menschendienlichen, das Nützliche mit dem Zuträglichen zu verknüpfen. Was menschendienlich ist, leitet sich von individuellen, sozialen, interkulturellen und ökologischen *Verträglichkeitskriterien* ab. Auch für das Erkenntnissystem "Wissenschaften" soll gelten: "a part of society, not apart from society". In diesem Sinn ist der jetzt häufig benutzte Begriff der "Nachhaltigkeit" auf diese symbiontische Koproduktion von Individuen, Gesellschaft und Systemen ausgerichtet, welche die erfolgskontrollierte Arbeit *und* die verständigungsorientierte Interaktion zu gestalten versteht.

Die großen Geister führen uns die schier endlose Bemühung des *Nach-Denkens* vor, nämlich um das, was es zu *be-denken* gibt. Sie fühlen sich der Wahrheit nicht nahe, aber der Wahrhaftigkeit und der intellektuellen Redlichkeit verpflichtet. Sie verbreiten keine verbindlichen Lehren, sie versammeln keine Gesinnungsgemeinde um sich, sie sind Spaziergänger im Geiste mit Inspiration.

Diese "kulturelle Evolution" ist ihrer Natur nach die jüngste Phase der Menschwerdung und ein Teil des gegenwärtigen und künftigen Menschseins im allgemeinsten Sinne. Inakzeptabel wäre es, sie in den Termini des Darwinismus zu analogisieren und darin verstehen zu wollen. Der hohe Grad an Komplexität dieser Welt und die jeweils herrschenden vielfältigen Gestaltungskräfte setzen gesellschaftliche Prozesse in *unvorhersehbarer und nur partiell planbarer Richtung* frei.

Als *Determinanten* dieser Entwicklungen kommen ins Spiel: die Technik, die Wirtschaftsprozesse und die mit ihr verknüpfte Güterverteilung, die gesellschaftlichen Strukturen (gegliedert in Systeme, Teil- und Subsysteme) und ihre Konsens- bzw. Dissensprozesse, der Zuwachs der Weltbevölkerung, Migration und Immigration, Krankheiten (z. B. Aids, Malaria), die Ergebnisse der Natur- und Sozialwissenschaften und ihre Folgen, der Diskurs über die Werte und der Wertewandel, die Perspektiven der Erziehung, die Rolle der Religionen, die Art und Weise der interpersonalen und interkulturellen Kommunikation, der Wandel der Semantik, die differenten Geschwindigkeiten der Abläufe; schließlich auch der dunkle irrationale Grund, die Macht der Leidenschaften und die Naturkatastrophen.

So wie das Auge im Anblick der Überfülle von Bildern und Bildeindrücken in der Kunst nach weniger, ja sogar nach Leere (Minimalismus) hungern lernt, so ähnlich verspürt das Bewußtsein aus dem vielfältigen Umgang mit den Dingen, mit Paradigmen, Systemen, Ideen oder Moralen den Hunger nach einem eigenen Anfang, nach einem neuen Begriff, nach der neuen Relation (Differenz). Aus einer kritischen Position der Distanz entspringt ein hoffnungsvoller Anstoß zu neuen Sichtweisen. Dieser rastlose Wandel (Plastizität der Vorgänge) ist unser Schicksal und bewegt denkend und wertend auf eine nicht weiter begründbare Weise das, was wir übermächtig erfahren und zu erwarten haben und selbst dazu tun.

Die Vielfalt der Erscheinungen, die auf uns eindringen, verwandeln wir nicht als ein "Spiegel der Natur" [317], sondern *authentisch* durch vernetztes (interdisziplinäres) *und* verknüpftes Denken (zwischen verschiedenen Immanenzebenen) in die Richtung verantwortbarer Handlungen. Abseits aller Verweigerungsrhetorik, allen metaphysischen Raunens, ohne theoretische Verstiegenheiten und ohne den Missionseifer des aufklärerischen Universalismus, aber auch ohne andererseits ins Gefühlige zurückzufallen rechtfertigen sich unsere Handlungen auf dem Boden purer Vernünftigkeit im Dialog des einzelnen mit sich und seinem Du als verantwortbares Handeln in einem Bereich zwischen dem persönlichen Lebensentwurf und dem moralischen Diskurs in der Gesellschaft.

Moderne Medizin. Die Medizin ist die Kunst im Umgang mit unsicherem Wissen. Sie ist handlungsorientiert und ein eklektisches Fachgebiet, weil sie mögliche Anwendungen aus einem breit gefächerten Angebot von Wissenschaften und der Technik als ihr Werkzeug nutzt. Der übermächtige Vorrang naturwissenschaftlicher Denkweisen und Methoden erklärt sich schlicht aus dem praktischen Fortschritt und somit Vorteil, den die Medizin entlang ihres Heilauftrages daraus gezogen hat; im Vergleich dazu konnten andere Wissenschaften (z. B. Psychologie, Sozialwissenschaften) aufgrund ihres methodischen Rückstandes und damit ihrer Erkenntnisdefizite nicht im gleichen Maße beitragen.

Unausweichlich sieht sich die Medizin in Forschung und Praxis (als Prototyp eines wertbezogenen handelnden Systems) mit der Aufgabe konfrontiert, jede ihrer Entscheidungen *dreifach* zu bedenken:

1. auf objektive Richtigkeit
   (zumindest kausale Begründbarkeit);
2. in Hinsicht einer interdisziplinären Vernetzung des jeweiligen Sachproblems mit benachbarten natur-, sozial oder geisteswissenschaftlichen Inhalten;

3. mit Blick auf die Verknüpfung mit wertbezogenen (ethischen) Urteilen und Entscheidungen zwischen einer normativen Ethik und individueller Gesinnung.

Deutlich ist, daß die Medizin als ein System unter Systemen eine pars pro toto allgemeiner gesellschaftlicher, komplex miteinander (interdisziplinär) vernetzter und (philosophisch) verknüpfter Prozesse ist; nichtsdestoweniger greift sie wirkungsvoll in das Schicksal der Menschen ein. Zwar stehen dabei die Probleme der aktuellen Forschung (z. B. Gentechnik, Organersatz, Alterung) optisch im Vordergrund öffentlichen Interesses, aber man sollte nicht verkennen, daß die oben aufgezählten Determinanten künftiger Entwicklungen (und noch andere) geeignet sind, unser Leben, den ärztlichen Alltag, das Schicksal der Patienten jetzt und nachher nachhaltig zu beeinflussen.

Diese Einsicht fordert zwingend dazu auf, sich als Forscher, Kliniker und niedergelassener Arzt oder in der Funktion als akademischer Lehrer über die tägliche Routine und über die herkömmlichen Vorstellungsinhalte hinaus mit den ambivalenten Perspektiven und mit der im raschen Wandel befindlichen Rolle der Medizin in den sie umgebenden Strukturen und gesellschaftlichen Systemen zu befassen. Daraus könnte eine neue spezifische Kompetenz des Arztes erwachsen.

Das Bedürfnis nach Hermeneutik tritt überall da auf, wo Regelwissen nicht hinreicht. Gegenüber einer medizinischen Wissenschaft, die auf den Erwerb kausal begründeten bzw. statistisch erbrachten Wissens zielt, bewährt sich die Heilkunst in einer Art von Anwendung, in der sich im weiten Fächerkanon der Basiswissenschaften, der Daseinsanalyse und der Gesellschaftsanalyse Lebendigkeit erhält und erneuert [27].

Die Zukunft der Medizin. Was wissenschaftlich-technisch machbar ist, wird aller bisherigen Erfahrung nach gemacht werden; und zwar bis zu einem gewissen Grade insensibel jedem Ambivalenzdenken gegenüber, ungeachtet aller Folgen, geblendet durch Erfolg (Fortschritt, Geld und Geltung), vernarrt in das nützliche Detail, der Blick getrübt für die Widersprüchlichkeit partikularen Wissens, allein begrenzt oder gefördert durch die Resultate schlechter oder guter Erfahrungen. Im schlimmsten Falle: die Medizin als Magd der instrumentellen Vernunft.

Demzufolge muß man allen denkbar möglichen Fehlern und Fehlentscheidungen – ob wissenschaftlich begründet oder nicht, ob vernünftig oder nicht – ins Auge sehen. Das Gewicht weniger der möglichen als vielmehr der tatsächlich eingetretenen Folgen wird, Schritt für Schritt, das Bewußtsein für die dem Problem jeweils angemessene und gebotene Verantwortlichkeit schärfen und *retrospektiv* erst über längere Zeiträume als nichtlinearer Prozeß der kulturellen Evolution sichtbar sein.

In dem impliziten Konflikt zwischen wissenschaftlich-technischem Fortschritt und Ethik befürchtet der Skeptiker den potentiellen Vorrang des ersteren und – wenigstens bis zu einem zeitlich unbekannten Punkt der Fehlerkorrektur – einen schleichend verlaufenden Wertewandel zum Nachteil des Schwächeren (Beispiele: genetische Selektion, Schwangerschaftsabbruch, Euthanasie). Schwer abschätzbar bleibt, ob eine solche Entwicklung die Potenz der (Popperschen) Fehlerkorrektur noch in sich trägt, ob es einen "point of no return" gibt oder ob sich sogar ideologische oder religiöse Strömungen kompensatorisch durchsetzen und den Fundamentalkonflikt jetzt von der entgegengesetzten Seite her unberechenbar steigern.

Im Vergleich zur historischen Dimension und zum Systemcharakter dieser Prozesse sind dann aktuelle nationale Aspekte der Organisation und der gesellschaftlichen Stellung des ärztlichen Berufsstandes weniger relevant. Sie werden sich dem übergreifenden Geschehen der komplexen gesellschaftlichen Lage ein- und unterordnen müssen. Dessen ungeachtet und ohne Kalkül ihrer tatsächlichen Wirkungen verbleibt ein Spielraum individueller Freiheit sittlicher Verantwortung als Basis ärztlichen Handelns und für das, was die Älteren den Jüngeren weitergeben wollen.

Für Pessimisten empfiehlt sich die geistreiche Lektüre des Biochemikers E. Chargaff [253], des gescheiten, mürrischen, alten Mannes, der gegen alles Neue wettert, den heutigen Wissenschaftsbetrieb haßt, dem genialischen 19. Jahrhundert nachtrauert und dem nur noch die Welt der Poesie erträglich erscheint. Ganz allgemein scheint der Fortschrittsoptimismus der 30er und 50er Jahre einer merklich pessimistischeren Weltsicht gewichen zu sein. Ängste und negative Erfahrungen schlagen sich gefühlsmäßig auf die skeptische, oft negativistische Einschätzung neuer, in ihren Konsequenzen nicht voll überschaubaren Technologien der naturwissenschaftlich-technischen Medizin nieder [8].

In solchen Zeiten, schrieb Max Weber, werde alle kulturwissenschaftliche Arbeit, wenn sie erst einmal auf einen bestimmten Stoff ausgerichtet sei und sich ihre methodischen Prinzipien geschaffen habe, die Bearbeitung dieses Stoffes als Selbstzweck betrachten, ohne den Erkenntniswert der einzelnen Tatsachen bewußt zu kontrollieren. "Aber irgendwann wechselt die Farbe: die Bedeutung der unreflektiert verwerteten Gesichtspunkte wird unsicher, der Weg verliert sich in der Dämmerung. Das Licht der großen Kulturprobleme ist weitergezogen. Dann rüstet sich auch die Wissenschaft, ihren Standpunkt und ihren Begriffsapparat zu wechseln und aus der Höhe des Gedankens auf den Strom des Geschehens zu blicken."

Erkenntnisdefizite und spirituelle Sehnsucht. Unaufhörlich, rastlos befindet sich der Kosmos im Wandel. Die Prozesse der physikalischen, biologischen und kulturellen Evolution schreiten mittels unterschiedlicher Mechanismen und mit unterschiedlichen Zeitkonstanten zu einer immer höheren Komplexität fort, mit der das menschliche Erkenntnisvermögen seiner Natur gemäß nicht Schritt halten kann:

"... weil der, der die Natur erforscht, in der Natur nicht Wörter, sondern immer nur Anfangsbuchstaben von Wörtern sieht; und wenn wir alsdann lesen wollen, so finden wir, daß diese neuen sog. Wörter wiederum bloß Anfangsbuchstaben von anderen sind." (Lichtenberg)

Dieses Erkenntnisdefizit treibt den Menschen zu immer neuem Fragen nach der Wahrheit seiner Welt an und setzt ihn trotz aller Kümmerlichkeit und Partikularität seines Wissens unerbittlich in die Verantwortlichkeit seines Handelns ein.

Mit dem Umbruch der Arbeits- und Sozialstrukturen werden auch kollektive Wertstrukturen mitgerissen, die, über lange Zeiträume hinweg tradiert, bisher den gemeinsamen Horizont umgriffen. In diesem Sinne ist die

Zahl der mitwirkenden äußeren Faktoren, die sich dem individuellen Willen entziehen, machtvoll angewachsen und einer der Gründe, den Wirkgrad des Einzelnen (z. B. in der Pädagogik) abzuschwächen. Mit der Beschleunigung zeitlicher Abläufe und der räumlichen Ausdehnung gesellschaftlicher Prozesse wachsen Unübersichtlichkeit und damit Unsicherheit in der Lebensplanung und im Weltverständnis.

Gegenläufig dazu agieren lokale Protestkulturen, Randgruppen, tradierte Organisationen, Sekten etc. als "autopoíetische Teilsysteme", die sich aus der Distanz zu den affirmativen Zeitströmungen die Bereitschaft zu Kritik und Wandel erhalten haben oder aus eigenem Interesse und Glauben denken und handeln.

Festzuhalten bleibt aber bei aller berechtigten Skepsis (spes contra spem), daß die Menschen- und Bürgerrechte wenigstens im Sinne eines akzeptierten Idealmaßstabs des aufklärerischen Fortschritts als die fundamentalste moralische Errungenschaft der Neuzeit bezeichnet werden dürfen und die Hoffnung auf verbesserte Lebenschancen künftiger Generationen stützen [303, 310]. An diesem Punkt kommen Weltethos und Ethos der Medizin zur Deckung.

Abseits aller akademischen Gelehrsamkeit, aber innerhalb der Grenzen des Vernünftigen sucht die geistige Situation dieser Zeit im Diskurs nach neuen holistischen Denk- und Handlungsansätzen, die individuelle wie gesellschaftliche Perspektiven gewinnen helfen (z. B. "das neue Lebensgefühl in die Form des Begriffs zu drängen"; Gadamer [115]). Im fortwährend bewegten Hin und Her zwischen individuellen und nomothetischen Erfahrungsrichtungen, zwischen schöpferischer Phantasie und kritischer Disziplin geht es um die kognitive Spannung von Verstehen und Erklären; oder anders gesagt: es geht um den endlosen Versuch, die Zeichensprache (Symbolsprache) der Erscheinungen begrifflich (sprachkritisch) zu entschlüsseln.

Ganzheitliches (verknüpftes) Denken wird von drei Gefahren bedroht:

- von der Vereinzelung (Aufsplitterung, Dichotomisierung) der Wissenschaften,
- vom Verlust des Wertebezugs und
- von Spekulation und Mystik.

Beim Antritt des Rektorats der Ludwig-Maximilians-Universität München im Jahre 1914 verfaßte Friedrich von Müller eine Schrift zu letzterem Thema. Er weist darin auf das Bestreben paramedizinischer Zirkel hin, den mystischen Lehren und Prozeduren ein wissenschaftliches Mäntelchen umzuhängen und sie in Übereinstimmung mit den naturwissenschaftlichen Errungenschaften und den herrschenden religiösen Überzeugungen zu bringen. Damals wie heute hat die Vernachlässigung der individuellen Bedürfnisse der Kranken durch die Schulmedizin jene scharenweise in die Arme unkritischer Heiler getrieben [209].

Religion stiftet Einheit, Philosophie bescheidet sich mit Perspektiven, Wissenschaft gewährt Einblick in die Natur der Dinge. Das Ungenügen an der Wirklichkeit erweckt gutgläubig die Sehnsucht nach der bergenden Einheit, weg von den Mißlichkeiten des Geworfenseins.

In der Schrift "Die Religion innerhalb der Grenzen der bloßen Vernunft" ordnet Kant die *moralischen* Glaubensinhalte radikal unter die Vorherrschaft der reinen Vernunft ein. Der Mensch sei als moralisches Wesen und nicht als *homo religiosus* Endzweck der Schöpfung [210]. "Die Religionen mögen wichtige Funktionen für die kulturelle Ent-

wicklung und das Leben des einzelnen haben", sagt Patzig
[304], "aber angesichts der Verschiedenheit der Weltkulturen
müssen wir eine auf Vernunft gegründete, die Religionen
übergreifende Welt-Ethik entwickeln. Eine echte und krisen-
freie moralische Orientierung kann nur aus der auf Einsicht gegründeten freien Entscheidung von Individuen für
begründete moralische Normen hervorgehen."

In der päpstlichen Enzyklika "Fides et Ratio"
sucht auch die Kirche eine Auseinandersetzung des Glau-
bens – d. h. der spirituellen Sehnsucht vieler Menschen –
mit der Vernunft, um dem drohenden Absturz der plurali-
stischen Moderne in eine hedonistische Beliebigkeit zu be-
gegnen: "Das philosophische Denken ist oft das einzige Ter-
rain für Verständigung und Dialog mit denen, die unseren
Glauben nicht teilen". Und: "Vernunft und Glaube wohnen
einander inne, und beide haben ihren je eigenen Raum zu
ihrer Verwirklichung" [311]. Was sich in Vernunftbegriffen
nur unzureichend thematisieren läßt, wird im Religiösen
gesucht.

Das Gehirn denkt Gott, weil das Denken sich
nichts ohne Ursprung denken kann. Das heißt nicht, daß es
ihn geben muß, d. h. aber zwingend, daß die Frage nach ihm
unabweislich ist. Und dieses Gehirn kann sich denken, daß
es Undenkbares gibt [211].

Aus philosophischer Perspektive sagt Habermas [208]:

Erst das Gebot der Gottesliebe hat durch die gleichmäßig
glatte Fläche der narrativ verknüpften kontingenten Erscheinungen hindurchgegriffen und jene Kluft zwischen
Tiefen- und Oberflächenstruktur, zwischen Wesen und

Erscheinung aufgerissen, die den Menschen erst die Freiheit der Reflexion, die Kraft zur Distanzierung von der taumelnden Unmittelbarkeit geschenkt hat.

Gegenstand dieser Abhandlung war die Medizin, verstanden als pars pro toto einer gesellschaftlichen Situation. Verläßliche Prognosen gibt es nicht. Absehbar ist aber, daß mit den Prozessen der Globalisierung die Unübersichtlichkeit und damit die Instabilität gesellschaftlicher Ordnungen anwachsen werden.

Augenscheinlich wirken mindestens drei örtlich wie zeitlich miteinander verwobene (hier verkürzt formulierte) Grundströmungen ganz unterschiedlicher Wertung auf mögliche Entwicklungen ein:

1. die versammelten individuellen Kräfte einer vom Gefühl des Wohlwollens durchtränkten Vernunft treiben die kulturelle Evolution der Gesellschaften voran; dabei ideologiekritisch und pragmatisch, mit Phantasie und Lebensfreude, dem Menschen und seiner Umwelt zuträglich, getragen vom Willen zum eigenverantwortlichen Handeln und von der Zwanglosigkeit der Verständigung.

2. Verwirrung und Verzweiflung treiben die Menschen in einen kollektiven ideologischen Wahn oder sie verfallen abseits ihrer tradierten Glaubensinhalte einem religiösen Dogmatismus.

3. Gesellschaftliche (bisher autopoietische) Systeme veschmelzen zu anonymen Supersystemen, die aus Selbstzweck nur noch ihre Selbsterhaltung und Expansion organisieren, das reflektierende Subjekt auf seinen funktionalen Nutzen zurückdrängen (Depersonalisation) und auf einen naturge-

setzlichen Urzustand (Triebnatur) regredieren. Auf krude Funktionalität gerichtete Informationsflüsse, Hedonismus und Warenfetischismus sowie sozialdarwinistische Binnenstrukturen kennzeichnen ein solches kulturell entdifferenziertes biologistisches Milieu.

Im kritischen Spielraum von Wissen und Gewissen wird deutlich, was Sinn macht und was als sinnlos erscheint.

Tröstlich das Wort von Xenophanes (geb. 580 v. Chr.):

Nicht von Beginn an enthüllten die Götter
Den Sterblichen alles.
Aber im Laufe der Zeit finden wir, suchend,
das Bess're.

Literatur

1. Descartes R (1637) Discours de la méthode, pour bien conduire sa raison et rechercher la verité dans les sciences. In: [312, dt. 200]
2. Habermas J (1981) Theorie des kommunikativen Handelns. Suhrkamp Frankfurt/Main
3. Spaemann R (1989) Glück und Wohlwollen. Versuch über Ethik. Klett-Cotta, Stuttgart
4. Foucault M (1997) Die Ordnung des Diskurses. Fischer, Frankfurt/Main
5. Pannenberg W (1996) Theologie und Philosophie Ihr Verhältnis im Lichte ihrer gemeinsamen Geschichte. Vandenhoek & Ruprecht, Göttingen
6. Küppers BO (1991) Ordnung aus dem Chaos. Prinzipien der Selbstorganisation und Evolution des Lebens, 3. Aufl. Piper, München
7. Spaemann R (1994) Philosophie als Lehre vom glücklichen Leben. In: [8]
8. Spaemann R (1994) Philosophische Essays. Reclam, Stuttgart (Universal-Bibliothek 7961)
9. Buchborn E (1986) Spezialisierung und Integration -- Medizin zwischen wissenschaftlicher Begründung und ärztlichem Heilaufwand. Internist 27: 216
10. Lüst R (1984) Rede bei der 35. Jahreshauptversammlung der Max-Planck-Gesellschaft in Bremen. SZ 149 (30.06.): 5
11. Weizsäcker CF von (1978) Deutlichkeit. Beiträge zu politischen und religiösen Gegenwartsfragen. Hanser, München
12. Wieland W (1975) Diagnose -- Überlegungen zur Medizintheorie. z, Berlin
13. Himmelstein D (1996) Ärztliches Handeln als ethische Herausforderung. Dtsch Ärztebl 93: 2173
14. Jaspers K (1957) Drei Gründer des Philosophierens: Plato--Augustin--Kant. Deutscher Bücherbund, Stuttgart
15. Cassirer E (1990, 11944) Versuch über den Menschen. Einführung in eine Philosophie der Kultur. Fischer TB, Frankfurt/Main
16. Habermas J (1996) Die Einbeziehung des Anderen. Studien zur politischen Theorie. Suhrkamp, Frankfurt
17. Heidbrink L (1996) Rezension zu [16] SZ 11
18. Horgan J (1995) Komplexität in der Krise. Spektrum der Wissenschaft, Nr z: 58
19. Dewey J (1995, 11925) Erfahrung und Natur. Suhrkamp, Frankfurt/Main
20. Dieckhöfer K (1980) Angst des Irdischen. Zum Thema "Angst in der Philosophie". Dtsch Ärztebl 77: 2936
21. Riecker G (1996) Ärztliche Entscheidungen in der Inneren Medizin. MedWork, Pullach
22. Eibl-Eibesfeldt I (1996) Warum wir die Natur lieben und trotzdem zerstören. SZ 277: I

23. Nipperdey T (1987) Neue Sehnsucht. Der Mythos im Zeitalter der Revolution.
     SZ 67: I
24. Krück F (1983) Leiden, Krankheit, Sterben. Vortragsmanuskript, 23.10. (pers.
     Mitteilung)
25. Dtsch Ärztebl 93 (1996): 2262
26. Peirce CS (1993) Semiotische Schriften, Bd 3. Suhrkamp, Frankfurt/Main
27. Gadamer H-G (1993) Über die Verborgenheit der Gesundheit. Suhrkamp,
     Frankfurt/Main
28. Bobbio N (1997) Vom Alter -- De senectute. Wagenbach, Berlin
29.   Vierhaus R (1995) Was war Aufklärung? Wallstein, Göttingen
30. Grenzen der Intensivbehandlung (1998) Der Arzneimittelbrief 32/8: 57
31. Stellungnahme des Wissenschaftlichen Beirates der Bundesärztekammer
     (1997) Kriterien des Hirntodes, dritte Fortschreibung. Dtsch Ärztebl 94/19:
     C-957
32. Berg SP (1984) Grundriß der Rechtsmedizin, 12. Aufl. Müller & Steinicke,
     München
33. Hoff J, in der Schmitten J (1995) Wann ist der Mensch tot? Organverpflanzung
     und"Hirntod"-Kriterium. Rowohlt, Hamburg
34. Schreml W (1997) Sterbehilfe, ärztliche Sicht. In: [31]
35. Haupt WF et al. (1993) Die Feststellung des Todes durch den irreversiblen
     Ausfall des gesamten Gehirns ("Hirntod"). Wertigkeit technischer Methoden
     zur Bestätigung der klinischen Zeichen. Dtsch Ärztebl 90: 2222
36. Angstwurm H (1982) Sichere Feststellung des Todes vor der Organspende.
     In: [37]
37. Luhmann N (1982) Soziologische Aufklärung 2: Aufsätze zur Theorie der
     Gesellschaft, 2. Aufl. Westdeutscher Verlag, Opladen
38. Reutern M von (1991) Zerebraler Zirkulationsstillstand. Diagnostik mit der
     Doppler-Sonographie. Dtsch Ärztebl 88: B-2844
39. Deutsche Stiftung Organtransplantation (1990) Organspende. Eine gemein-
     same Aufgabe. Neu-Isenburg
40. Land W, Angstwurm H (1982) Medizinisch-organisatorischer Ablauf bei der
     Organspende nach dem Tode. In: [37]
41. Schreiber HL, Wolfslast G (1982): Rechtsfragen der Transplantation. In: [37]
42.   Land W, Dossetor JB (1991) Organ replacement therapy: ethics, justice, com-
     merce. Springer, Berlin Heidelberg New York Tokyo
43. Niemann UJ (1989) Bioethische Aspekte der Organtransplantation nach der
     Diskussion über den"Paradigmawechsel" in Naturwissenschaft und Medizin.
     In: Fassbinder W. et al. (Hrsg) Ethik und Organtransplantation. Schriftenreihe
     Gesellschaft, Gesundheit und Forschung z
44. Luhmann N (1984) Soziale Systeme. Grundriß einer allgemeinen Theorie.
     Suhrkamp, Frankfurt/Main
45. Viefhues H (1984) Ethische Probleme der Transplantation. Die ethische
     Bewertung des Körpers und seiner Teile. In: [44]
46. Schmied G (1996) Sterbehilfe. Sozialer Kontext. In: [47]
47. Katholische Akademie in Bayern (Hrsg) (1996) Sterbehilfe. Zur Debatte.
     Themen der Katholischen Akademie in Bayern 26/3
48. Van der Maas PJ et al. (1996) Euthanasia, physician-assisted suicide and other
     medical practices involving the end of life in the netherlands (1990--1995).
     NEJM 335: 1699
49. Van der Wal G. et al. (1996) Evaluation of the notification procedure for physi-
     cian-assisted death in the netherlands. NEJM 335: 1706

50. Schreiber HL (1996) Sterbehilfe; rechtliche Grenzen. In: [47]
51. Fuchs T, Lauter H (1997) Kein Recht auf Tötung. Dtsch Ärztebl 94: 180
52. Kübler-Ross E (1971) Interviews mit Sterbenden. Kreuz, Stuttgart
53. Schreml W (1996) Sterbehilfe, ärztliche Sicht. In: [47]
54. Schockenhoff E (1996) Sterbehilfe; moraltheologische Überlegungen. In: [47]
55. Fülleborn U (1992) Reiner Widerspruch und heilige Gespräche. In: Fischer EP, Herzka HS, Reich KH (Hrsg) Widersprüchliche Wirklichkeit. Neues Denken in Wissenschaft und Alltag. Piper, München
56. Figal G (1995) Man sieht nur aus der Ferne gut. Rezension. FAZ 136
57. Sass HM (1989) Medizin und Ethik. Reclam, Stuttgart (Universal-Bibliothek 8599 [5])
58. Schlaudraff U (1987) Ethik in der Medizin. z, Berlin
59. Rorthy R (1999) Stolz auf unser Land. Die amerikanische Linke und der Patriotismus. Suhrkamp, Frankfurt/Main
60. Vierhaus R (1995) Was war Aufklärung? Wallstein, Göttingen
61. Kant I (1784) Was ist Aufklärung? Berlinische Monatsschrift, J.F. Unger
62. Wachter MAM de (1992): Euthanasia in the Netherlands. Hastings Center Report 22: 23
63. Kant I (1961, 11784) Kritik der praktischen Vernunft. Reclam, Stuttgart, S 251
64. Meyers großes Taschenlexikon (1983) Band 6. Bibliographisches Institut, Mannheim
65. Krämer H (1992) Integrative Ethik. Suhrkamp, Frankfurt/Main
66. Patzig G (1983) Ökologische Ethik -- innerhalb der Grenzen bloßer Vernunft. Vandenhoeck & Ruprecht, Göttingen (Vortragsreihe der Niedersächsischen Landesregierung zur Förderung der wissenschaftlichen Forschung in Niedersachsen, Heft 64)
67. Warnock J (1971) The Object of Moralitiy. z, London
68. Riecker G (1984) Ärztliche Ethik und Tierversuche. Arzt und Krankenhaus, Heft 11: 306
69. Deutsche Tierärzteschaft e.V. (1983) Codex experiendi (Leitsätze für Experimente an Tieren, 27.09.)
70. Teutsch GM (1983) Tierversuche und Tierschutz. Beck, München
71. Scharmann W (1981) Der Tierversuch aus ethischer Sicht. Tierärztliche Umschau 36: 819
72. Max-Planck-Gesellschaft (1981) Tierversuche in der Forschung. Berichte und Mitteilungen 1/81
73. Engelhardt D von (1997) Zur Systematik und Geschichte der Medizinischen Ethik. In: Engelhardt D von (Hrsg) Ethik im Alltag der Medizin, 2. Aufl. Birkhäuser, Basel
74. Craig GA (1983) Über die Deutschen. Beck, München
75. Raddatz FJ (1984) Die Aufklärung entläßt ihre Kinder. Die Zeit 27: 9 und 28: 14
76. Jonas H (1984) Warum wir heute eine Ethik der Selbstbeschränkung brauchen. In: Lenk H, Staudinger HJ, Ströker E (Hrsg) Ethik der Wissenschaften, Bd I. Fink, München
77. Jonas H (1979) Das Prinzip Verantwortung. Versuch einer Ethik für die technische Zivilisation, 5. Aufl. Insel, Frankfurt/Main
78. Jens W, Küng H (1996) Menschenwürdig sterben. Ein Plädoyer für Selbstverantwortung. Piper, München

79. Meyers großes Taschenlexikon (1983) Band 6. Bibliographisches Institut, Mannheim

80. Schopenhauer A (Ausg 1977) Preisschrift über die Grundlage der Moral. Hanser, München (Werke Bd I, S 523 ff)

81. Deutsche Forschungsgemeinschaft (1981) Tierexperimentelle Forschung und Tierschutz. Kommission für Versuchstierforschung. Mitt. III. Boldt, Boppard

82. Finbert EJ (1957) Wir hatten einen Hund. Ehrenwirth, München

83. Twycross RG (1990) Assisted death -- a reply. Lancet II: 796

84. Koch HJ, Klug B (1997) Ethische Grundsätze und deren praktische Bedeutung in klinisch-pharmakologischen Prüfungen. Dtsch Med Wochenschr 122: 205

85. Helmchen H, Lauter H (1995): Dürfen Ärzte mit Demenzkranken forschen? Thieme, Stuttgart

86. Lauter H (1997) Der Psychiater als Zeuge der Zeitgeschichte. Abschiedsvorlesung an der Medizinischen Fakultät der Technischen Universität München am 22. Januar

87. Grundsätze der Bundesärztekammer (1998) zur ärztlichen Sterbebegleitung. Dtsch Ärztebl 95: C-1691

88. Barloewen C von (z) Tod in den Weltkulturen. Diederichs, München

89. Küng H (1996) In: [78, S 84]

90. Schreiber HL (1997) Wann ist der Mensch tot? FAZ 46: 8

91. Frankl VE (1996) Der Mensch vor der Frage nach dem Sinn, 8. Aufl. Piper, München

92. Böhme G (1997) Ethik im Kontext. Suhrkamp, Frankfurt/Main (edition suhrkamp 2025)

93. Deleuze G, Guattari F (1996) Was ist Philosophie? Suhrkamp, Frankfurt/Main

94. Höffe O (1997) Ein sicheres Kennzeichen schlechter Sitten. Philosophische Bemerkungen über die Begehrlichkeit am Beispiel der Medizin. FAZ 45 (22.02.)

95. Dikötter F (1996) Times Literary Supplement (12.01.)

96. Winnacker E.-L (1997) Wir wollen keine Menschen klonen. Technische Hürden, fehlende Ziele: Die Schöpfung Dollys aus der Sicht des Biochemikers. FAZ 50 (28.02.): 39

97. Velander W et al. (1997) Menschliche Proteine aus der Milch transgener Tiere. Spektrum der Wissenschaft, Nr 3: 70

98. Singer Peter (1994) Praktische Ethik. Reclam, Stuttgart (Universal-Bibliothek 8033 [4])

99. Pellegrino ED (1989)Der tugendhafte Arzt und die Ethik der Medizin. In: Sass H-M (Hrsg) Medizin und Ethik. Reclam, Stuttgart, S 40

100. Engelhardt D (1989) Der Abschied von der Geisteswissenschaft in der neu-zeitlichen Medizin. In: Rössler D et al. (Hrsg) Medizin zwischen Geisteswissenschaft und Naturwissenschaft. 3. Blaubeurer Symposium. Attempto, Tübingen, S 3

101. Foucault M (1973) Die Geburt der Klinik. Eine Archäologie des ärztlichen Blicks. Suhrkamp, Frankfurt

102. Schopenhauer A (Ausg 1977) Die Welt als Wille und Vorstellung, § 17. Hanser, München. (Sämtliche Werke, Bd 1)

103. Laermann K (1991) Fiat nox. Die Zeit 32 (2.08): 42

104. Wittgenstein L (Ausg 1984) Tractatus logico-philosophicus. Suhrkamp, Frankfurt/Main (stw 501)

105. Grassi E (1979) Die Macht der Phantasie. Athenäum, Königstein i.T., S 6
106. Grassi,E (1986) Einführung in philosophische Probleme des Humanismus. Wissenschaftliche Buchgesellschaft, Darmstadt
107. Hepp H (1998) Das Paradigma der Pränatal- und Frühgeburtsmedizin im Wandel -- Helfen zum Leben, Helfen zum Tod. Vortragsmanuskript vom 19.06. (persönl. Mitteilung)
108. Husserl E (1963) Husserliana -- Die Pariser Vorträge, 2. Aufl. Nijhoff, Den Haag
109. Schmucker von Koch J (1994) Die Menschenwürde als Grundlage der medizinischen Berufsethik. In: [110]
110. Rudolph G (Hrsg) (1994) Medizin und Menschenbild. Attempto, Tübingen
111. Spaemann R (1985) Über den Begriff der Menschenwürde. Scheidewege 15: 25
112. Pilz G et al. (1997) Comparison of early IgM-Enriched Immunoglobulin vs Polyvalent IgG Administration in Score-Identified Postcardiac Surgical Patients at High Risk for Sepsis. CHEST 11: 419
113. Aristoteles (Ausg 1969) Nikomachische Ethik, Buch II. Reclam, Stuttgart (Universal-Bibliothek 8586/5)
114. Aristoteles (Ausg 1969) Buch X. In: [113]
115. Gadamer H-G (1990) Philosophisches Lesebuch, Bde 1--3. Fischer TB, Frankfurt/Main
116. Krohn W (1985) Francis Bacon. In: Höffe O (Hrsg) Klassiker der Philosophie, 2. Aufl, Bd 1. Beck, München, S 277
117. Patzig G: Gottlob Frege. In: [116], Bd 2, S 251
118. Popper K (1935) Logik der Forschung. Springer, Wien
119. Popper K (1965) Das Elend des Historizismus. Mohr, Tübingen
120. Held K: Edmund Husserl. In: [116], Bd 2, S 279
121. Haeffner G: Martin Heidegger. In: [116], Bd 2, S 383
122. Heidegger M (1971) Was heißt Denken? 3. Aufl. Niemeyer, Tübingen, S 34
123. Weischedel W (1973) Die philosophische Hintertreppe, 25. Aufl. dtv, München, S 281
124. Schäfer L: Blaise Pascal. In: [116], Bd 2, S 333
125. Pascal B (Ausg 1979) Gedanken. Reclam, Stuttgart (Universal-Bibliothek 1621/2)
126. Dilthey W (Ausg 1984) Ideen über eine beschreibende und zergliedernde Psychologie. z, Berlin
127. Schölmerich P, Thews G (1990) "Lebensqualität" als Bewertungskriterium in der Medizin. G. Fischer, Stuttgart
128. Glatzer W, Zapf W (Hrsg) (1984) Lebensqualität in der Bundesrepublik. Objektive Lebensbedingungen und subjektives Wohlbefinden. Campus, Frankfurt/Main
129. Dölle W (1993) Quantität und Qualität in der Medizin. Internist 34: 2
130. Hartmann F (1992) "Qualität" von Leben in chronischem Kranksein. Med Klinik 87: 215
131. Bullinger M, Pöppel E (1988) Lebensqualität in der Medizin: Schlagwort oder Forschungsansatz? Dtsch Ärztebl 85: 505
132. Bullinger M (1991) Erhebungsmethoden. In: [133]
133. Tüchler H, Lutz D (Hrsg) (1991) Lebensqualität und Krankheit. Deutscher Ärzteverlag, Köln
134. Sebestyén W (1991) Philosophische Aspekte der medizinischen Lebensqualität. In: [133]

135. Sellschopp,A (1988) Das Dilemma der Psycho-Onkologie. Dtsch
     Krebsgesellschaft 2: 10
136. Roder JD et al. (1991) Quality-of-life assessment following oesophagektomy.
     Theor Surg 6: 206
137. Schnack S et al. (1990) Lebensqualität älterer Patienten unter den
     Bedingungen der Dauerdialyse. Dtsch Med Wochenschr 115: 1043
138. Klußmann R, Sönnichsen A (1987) Stomaakzeptanz. Abhängigkeit von
     somatischen und psychischen Faktoren. MMW 129/23: 442
139. Strian F (1983) Angst. Grundlagen und Klinik. Springer, Berlin Heidelberg
     New York Tokyo
140. Kierkegaard S (Ausg 1992) Der Begriff Angst. Nachwort von Uta Eichler.
     Reclam, Stuttgart (Universal-Bibliothek 8792)
141. Tillich P (1954) Der Mut zum Sein, 2. Aufl. Steingrüben, Stuttgart
142. Kast V (1996) Vom Sinn der Angst, 3. Aufl. Herder, Freiburg
143. Epikur (Ausg 1995) Über das Glück. Diogenes, Zürich
144. Meiser BM et al. (1997) Herztransplantation -- state of the art today. Herz
     11: 237
145. Weis M, Scheidt W (zz) Cardiac Allograft Vasculopathy. Circulation 96: 2069
146. Muthny F (1991) Erfassung von Lebensqualität. In: Tüchler H, Lutz D (Hrsg)
     Lebensqualität und Krankheit. Deutscher Ärzteverlag, Köln
147. Bloch E (1959) Das Prinzip Hoffnung. Suhrkamp, Frankfurt/Main
148. Heidegger M (1927) Sein und Zeit. Niemeyer, Tübingen
149. Winnacker E-L (1996) Das Genom. Möglichkeiten und Grenzen der
     Genforschung, 2. Aufl. Eichborn, Frankfurt/Main
150. Schmid R (1992) Eltern-Selbsthilfegruppen. Schmid-Römhild, Lübeck
151. Krischke NR (zz) Lebensqualität und Krebs. MMV, München
152. Bullinger M (1996) Trends in der internationalen Lebensqualitätsforschung.
     In: [153]
153. Petermann F (1996) Lebensqualität und chronische Krankheit. Dustri-
     Verlag Dr. Karl Feistle, München-Deisenhofen
154. Küng Hans (1996) Ewiges Leben? 7. Aufl. Piper, München
155. Heidegger M; zit. in: [156]
156. Sternberger D (1981) Über den Tod. Schriften I. Insel, Frankfurt/Main
157. Epikur (Ausg 1988) Philosophie der Freude. Insel, Frankfurt/Main (Insel Tb
     1057)
158. Montaigne M de (Ausg 1953) Essais. Manesse, Zürich
159. Gralow I (1997) Vortrag auf dem 1. Wissenschaftl. Symposion zur
     Lebensqualität des Schmerzpatienten, Münster
160. Ärztliche Lebensbeendigung und Patientenselbstbestimmung. Dtsch Med
     Wochenschr 123 (1998): 93
161. Spaemann R, Fuchs T (1997) Töten oder sterben lassen. Worum es in der
     Euthanasiedebatte geht. Herder, Freiburg (Rezension: Thoemmes M, FAZ
     251, 29.10.)
162. Schmidt M (1997) zz. In: [161]
163. Dybowski R et al. (1996) Prediction of outcome in critically ill patients
     using artificial neural network synthesized by genetic algorithm. Lancet
     347: 1146
164. (Xenotransplantation) (1998) Nature 391: 326; New Scientist 157: 2133
165. Gross R, Löffler M (1997) Prinzipien der Medizin. Eine Einführung in die
     Grundlagen und Methoden. Springer, Berlin Heidelberg New York Tokyo

166. Hommes U (1989) Antwort auf die Angst. Anmerkungen aus der Philosophie. Festvortrag auf der 82. Fortbildungstagung für Ärzte in Regensburg am 4. Mai

167. Speich R (1997) Der diagnostische Prozess in den Inneren Medizin: Entscheidungsanalyse oder Intuition?. Schweiz Med Wochenschr 127: 1263

168. Riecker G, Buchborn E (1981) Nutzen und Gefahren prophylaktischer Maßnahmen. Internist 22: 53

169. Ulsenheimer K (1998) "Leitlinien, Richtlinien, Standards" -- Risiko oder Chance für Arzt und Patient? Bayer Ärztebl 2: 51

170. Scriba PC (1995) Die Zukunft. Eröffnungsansprache des Vorsitzenden des 101. Kongresses der Deutschen Gesellschaft für Innere Medizin. Wiesbaden, 23.04.

171. Annas GJ (1998) A National Bill of Patient's Rights. N Engl J Med 338: 695

172. Richter K S Lange (1997) Methoden der Diagnoseevaluierung. Internist 38: 325

173. Buchborn E (1997) Leitlinien--Richtlinien--Standards. Risiko oder Chance für Arzt und Patient? Bayer. Ärztebl 12: 412

174. Hartmann F (1996) Gedanken über den Zusammenhang von Hoffnung, Vertrauen, Verantwortung und Scham in den Beziehungen zwischen Kranken und ihren Ärzten. Med Klinik 91/10: 660

175. Camus A (1959, 11942) Der Mythos von Sisyphos. Ein Versuch über das Absurde. Rowohlt, Hamburg

176. Trampisch HJ (1997) Planung, nicht Auswertung. Die Rolle der Medizinischen Biometrie. Internist 38: 307

177. Abel U, Koch A (1997) Randomisierung in klinischen Studien. Empirisch begründet oder nur ein Dogma? Internist 38: 318

178. (Forum) (1997) Die Krise der Forschung. Spektrum der Wissenschaft, 5: 30

179. Frick H (1989) Ein regelbasiertes Diagnosesystem in der Hämostaseologie mit Fuzzy-Logik. Med. Dissertation, Universität München

180. Puppe F et al. (1996) Wissensbasierte Diagnose- und Informationssysteme. Springer, Berlin Heidelberg New York Tokyo

181. Puppe F (1993) Systematic introduction to expert systems. Knowledge representations and problem-solving methods. Springer, Berlin Heidelberg New York Tokyo

182. Puppe B, Riecker G (1998) CardioConsult. Kardiologisches Second-Opinion-Programm. Ullstein Medical, Wiesbaden

183. Habermas J (1998) Moralische Grenzen des Fortschritts. SZ vom 17.01.

184. Koch-Brandt C (1997) Gentransfer: Strategien und Anwendungen. In: [185]

185. Blum E, Siegenthaler W (1997) Molekularbiologie in der Inneren Medizin. Thieme, Stuttgart

186. Mertelsmann R et al. (1997) Somatische Zell- und Gentherapie: Perspektiven für die Onkologie. In: [185]

187. Tsevat J (1998) JAMA 279: 371

188. Martens E (1997) Zwischen Gut und Böse. Elementare Fragen angewandter Philosophie. Reclam, Stuttgart (Universal-Bibliothek 9635)

189. Martens E (1997) Warum soll ich gut sein? In: [188]

190. Tugendhat E, zit. in [189]

191. Patzig G (1994) Gesammelte Schriften, Bde I--IV. Wallstein, Göttingen

192. Beauchamp TL, Childress JF (!983) Principles of biochemical ethics. z, Oxford

193. Butler J (1726) Fifteen Sermons preached at the Rolls Chapel; zit. in [191]
194. Gerst T (1996) Ärztliches Handeln als ethische Herausforderung. Dtsch
      Ärztebl 93: 2173
195. Husserl E (Ausg 1985) Die phänomenologische Methode. Reclam, Stuttgart
      (Universal-Bibliothek 8084 [4])
196. Habermas J (1993) Der philosophische Diskurs der Moderne. Suhrkamp,
      Frankfurt/Main (stw 749)
197. Horkheimer M, Adorno TW (1947) Dialektik der Aufklärung. Querido,
      Amsterdam (Neuausgabe: Fischer, Frankfurt/Main, 1969)
198. Vollmer G (1994) Evolutionäre Erkenntnistheorie, 6. Aufl. Wissenschaftliche
      Verlagsgesellschaft, Stuttgart
199. Habermas J (1989) Nachmetaphysisches Denken. Philosophische Aufsätze,
      3. Aufl. Suhrkamp, Frankfurt/Main
200. Descartes R (Ausg 1961) Abhandlung über die Methode des richtigen
      Vernunftgebrauchs und der wissenschaftlichen Wahrheitsforschung.
      Reclam, Stuttgart (Universal-Bibliothek 3767)
201. Chalmers AF (1986) Wege der Wissenschaft. Einführung in die
      Wissenschaftstheorie. Springer, Berlin Heidelberg New York Tokyo
202. Deppert W et al. (Hrsg) (1992) Wissenschaftstheorien in der Medizin. Ein
      Symposium. De Gruyter, Berlin
203. Deppert,W (1992) Das Reduktionismusproblem und seine Überwindung.
      In: [202]
204. Schultz U (1979) Immanuel Kant -- in Selbstzeugnissen und Bilddoku-
      menten. Rowohlt, Hamburg
205. Wörmann B, Wulf G, Hiddelmann W (1998) Klinische Studien in der
      Onkologie. Relevanz, Design, ethische Überlegungen. Med. Klinik 93: 181
206. Kittsteiner HD (1991) Die Entstehung des modernen Gewissens. Insel,
      Frankfurt/Main
207. Adorno W (zz) Der Essay als Form. zzz
208. Habermas J (1997) Politik, Kunst, Religion. Reclam, Stuttgart (Universal-
      Bibliothek 9902)
209. Müller F von (1914) Spekulation und Mystik in der Heilkunde.
      Lindauersche Universitätsbuchhandlung, München
210. Kant I (1798) Die Religion innerhalb der Grenzen der bloßen Vernunft.
      Königsberg bey Friedrich Nicolovius
211. Noll P (1996) Diktate über Sterben und Tod; zit. in [78]
212. Popper KR (1971) Objectice Knowledge. Clarendon Press, Oxford (dt.:
      Objektive Erkenntnis. Ein evolutionärer Entwurf. Hoffmann & Campe,
      Hamburg, 1973)
213. Ropers HH (1998) Die Erforschung des menschlichen Genoms. Ein
      Zwischenbericht. Dtsch Ärztebl 95: 509
214. Schlund GH (1998) Aufklärung im Rahmen ärztlicher Tätigkeiten. Internist
      39: 328
215. Birkner B (1998) Gemeinsame Kriterien der Qualitätssicherung für Klinik
      und Praxis in der Inneren Medizin. Internist 39: M 74
216. Waldenfels B (1995) Deutsch-französische Gedankengänge. Suhrkamp,
      Frankfurt/Main
217. Vollmer G (21988) Was können wir wissen? Bd 1: Die Natur der Erkenntnis.
      Bd 2: Die Erkenntnis der Natur. Hirzel, Stuttgart
218. Kassirer JP, Rosenthal NA (1998) Should Human Cloning Research Be off
      Limits? NEJM 338: 905

219. Gerok W (1996) Perspektiven einer künftigen Medizin. Futura, Heft 2: 119
220. Gadamer H-G (1996) Der Anfang der Philosophie. Reclam, Stuttgart (Universal-Bibliothek 9495)
221. Deleuze G (1991) Nietzsche und die Philosophie. Europäische Verlagsanstalt, Hamburg
222. Nietzsche F (Ausg 1976) Die fröhliche Wissenschaft. Kröner, Stuttgart
223. Nietzsche F (Ausg 1993) Menschliches, Allzumenschliches. Kröner, Stuttgart
224. Fischer-Diskau D (1974) Wagner und Nietzsche. Deutsche Verlagsanstalt, Stuttgart
225. Figal G (1996) Der Sinn des Verstehens. Reclam, Stuttgart (Universal-Bibliothek 9492)
226. Gadamer H-G (1960) Wahrheit und Methode. (Gesammelte Werke, Bd 8, Tübingen, 1986--1995)
227. Heidegger M (1988) Ontologie (Hermeneutik der Faktizität). Klostermann, Frankfurt/Main (Gesamtausgabe, Bd 83)
228. Spinoza B (1977, 11677) Die Ethik. Reclam, Stuttgart (Universal-Bibliothek 851)
229. Balke F (1998) Gilles Deleuze. Campus, Frankfurt/Main
230. Russell B (1950) Philosophie des Abendlandes. Europaverlag, Wien
231. Heidegger M (31971) Was heißt Denken? Niemeyer, Tübingen
232. Jammer M (1995) Einstein und die Religion. UVK, Konstanz
233. Kant I (1966, 11781)Kritik der reinen Vernunft. Reclam, Stuttgart (Universal-Bibliothek 6461 [9])
234. Patzig G (1994) Der Strukturalismus und seine Grenzen. In: [191], Bd 4, S 169
235. Patzig, G (1994) Erklären und Verstehen. Bemerkungen zum Verhältnis von Natur- und Geisteswissenschaften. In: [191], Bd IV, S 117
236. Patzig G (1994) Moralische Probleme der Genomanalyse/Genomtherapie und in-vitro-Fertilisation. In: [191], Bd II, S 106
237. Kant I (1990, 11785) Die Metaphysik der Sitten. Reclam, Stuttgart (Universal-Bibliothek 4508 [5])
238. Patzig G (1994) Der kategorische Imperativ in der Ethikdiskussion der Gegenwart. In: [191], Bd I, S 234
239. Patzig G (1994) Bemerkungen zum"Lustprinzip". In: [191], Bd I, S 118
240. Patzig G (1994) Ein Plädoyer für utilaristische Grundsätze in der Ethik In: [191], Bd I, S 99
241. Rescher N (1985) Die Grenzen der Wissenschaft. Reclam, Stuttgart (Universal-Bibliothek 8095 [5])
242. Kassirer JP (1998) Managing care -- should we adopt a new ethic? NEJM 339: 397
243. Gerok W (1998) Die Bedeutung von Philosophie, Biomathematik, Biometrie und Modelltheorie für die Medizin. Med Klinik 93: 501
244. Ströker E (1998) Warum? -- Philosophische Schwierigkeiten mit der Kausalfrage. Med Klinik 93: 507
245. Antes, G (1998) Evidence-based medicine. Internist 39: 839
246. Brosteanu O, Löffler M (1998) Methoden kontrollierter klinischer Studien. Internist 39: 909
247. Walshe R, Diehl V (1998) Ökonomische Evaluationen im Rahmen klinischer Studien. Internist 39: 943
248. Bleuler E (1975) Das autistische-undisziplinierte Denken in der Medizin und seine Überwindung, 5.Aufl. Springer, Berlin Heidelberg NewYork

249. Neumann U (1998) Die Tyrannei der Würde. Argumentationstheoretische
     Überlegungen zum Menschenwürde-Prinzip. Steiner, Wiesbaden (Arch.
     Rechts- und Sozialphilosophie 84/2)
250. Putnam H (1997) Für eine Erneuerung der Philosophie. Reclam, Stuttgart
     (Universal-Bibliothek 9660)
251. Laufs A (1994) Rechtsansprüche des Patienten auf Teilnahme am medizi-
     nischen Fortschritt. In: Herfath C, Buhr HJ (Hrsg) Möglichkeiten und
     Grenzen der Medizin. Springer, Berlin Heidelberg New York Tokyo
252. Stellungnahme der zentralen Ethikkommission bei der
     Bundesärztekammer (1998) Übertragung von Nervenzellen in das Gehirn
     von Menschen. Dtsch Ärztebl 95/30: C-1389
253. Chargaff E (1998) Die Aussicht vom dreizehnten Stock. Klett-Cotta,
     Stuttgart
254. Schulte J (1989) Wittgenstein. Reclam, Stuttgart (Universal-Bibliothek 8564
     [3])
255. Cassirer E (Ausg 1995) Descartes. Lehre -- Persönlichkeit -- Wirkung.
     Meiner, Hamburg
256. Rodeck C, Deans A, Jauniaux E (1998) Thermocoagulation for the early
     treatment of pregnancy with an acardian twin. NEJM 339: 1293
257. Russell B (1968, 11912) The Problems of Philosophy. Oxford University
     Press
258. Vossenkuhl W (1995) Ludwig Wittgenstein. Beck, München
259. Fischer EP (1989) Kritik des gesunden Menschenverstandes. Rasch &
     Röhring, Hamburg
260. Kuhn TS (1976) Die Struktur wissenschaftlicher Revolutionen, 2. Aufl.
     Suhrkamp, Frankfurt/Main
261. Shapin St (1998) Die wissenschaftliche Revolution. Fischer Tb,
     Frankfurt/Main
262. Taylor C (1995) Das Unbehagen an der Moderne. Suhrkamp,
     Frankfurt/Main
263. (Rahmenthema "Intellektuelle Moden") (1998) Neue Rundschau 109, Heft 3
264. Winnacker EL (1998) Jahresbericht 1997 der Deutschen
     Forschungsgemeinschaft. Bonn, 07.08.
265. Brandt T (1999) Vertigo in multisensory syndromes, 2nd edn. Springer,
     Berlin Heidelberg New York Tokyo
266. Köbberling J (1998) Die (Un-)Abhängigkeit der Herausgeberschaft von
     medizinisch-wissenschaftlichen Zeitschriften. Med Klinik 93: 638
267. Deutsche Forschungsgemeinschaft (1998) Empfehlungen der Kommission
     "Selbstkontrolle in der Wissenschaft". Vorschläge zur Sicherung guter wis-
     senschaftlicher Praxis. Bonn, im Januar
268. LeLorier J et al. (1997) Discrepancies between meta-analyses and subse-
     quent large randomizes, controlled trials. NEJM 337: 536
269. Arnold M (1998) Zur Janusköpfigkeit des medizinisch-technischen
     Fortschritts. Med Klinik 93: 630
270. Richter K, S Lange (1997) Methoden der Diagnoseevaluierung. Internist
     38: 325
271. (Rahmenthema Forschernachwuchs) (1997) Spektrum der Wissenschaft, Nr
     9: 46 ff
272. Stellungnahme (1998) der Zentralen Ethikkommission bei der
     Bundesärztekammer "Zum Schutz nicht-einwilligungsfähiger Personen in
     der medizinischen Forschung". Dtsch Ärztebl 95: A-1011
273. Wittgenstein L (Ausg 1994) Über Gewißheit. Suhrkamp, Frankfurt/Main
     (Werkausgabe, Bd 8)

274. Bundesärztekammer (1998) Erklärung zum Schwangerschaftsabbruch nach Pränataldiagnostik. Dtsch Ärztebl 95: A-3013
275. Ebeling H (1990) Kants Theorie der Selbsterhaltung. Nachwort zu [237]
276. Joas H (1992) Pragmatismus und Gesellschaftstheorie. Suhrkamp, Frankfurt/Main
277. Gawlik CS et al. (1998) Mindeststandards für den Arbeitsalltag. Beurteilung klinischer Therapiestudien. Dtsch Ärztebl. 95/19: A-1155
278. (Assistierter Suizid) Hauptsymposion (1998) beim Kongreß der Deutschen Gesellschaft für Psychiatrie, Psychotherapie und Nervenheilkunde; Essen, 19.06. Arzneimitteltherapie 16: 341
279. Heidegger M: Gesamtausgabe, hg. von H. Heidegger. Klostermann, Frankfurt/Main, 1977
280. Engelhardt D von (1998) Sterben und Tod in unserer Gesellschaft. Forum Deutsche Krebsgesellschaft (DKG) 13: 280
281. Engelhardt D von (1996) Euthanasie -- historische Entwicklung, begriffliche Analyse. In: Oehmichen z (Hrsg) zzz. Schmidt-Römhild, Lübeck
282. Safranski R (1994) Ein Meister aus Deutschland. Heidegger und seine Zeit. Hanser, München
283. Taylor C (1994) Quellen des Selbst. Die Entstehung der neuzeitlichen Identität. Suhrkamp, Frankfurt/Main
284. Luhmann N (1997) Die Gesellschaft der Gesellschaft. Suhrkamp, Frankfurt/Main (stw 1360)
285. Horster D (1997) Niklas Luhmann. Beck, München
286. Gondeck HD, Waldenfels B (Hrsg) (1997) Einsätze des Denkens. Zur Philosophie von Jacques Derrida. Suhrkamp, Frankfurt/Main (stw 1336)
287. Jäger C (1985) Gilles Deleuze. Fink, München
288. Popper KR (1984) Auf der Suche nach einer besseren Welt. Vorträge und Aufsätze aus dreißig Jahren. Piper, München
289. Popper, KR (1979) Ausgangspunkte. Meine intellektuelle Entwicklung. Hoffmann & Campe, Hamburg
290. Riecker G (1991) Klinische Kardiologie. Krankheiten des Herzens, des Kreislaufs und der herznahen Gefäße. Springer, Berlin Heidelberg New York Tokyo
291. Platon (Ausg zz) Phaidon. Reclam, Stuttgart (Universal-Bibliothek 918)
292. Seneca (Ausg 1974) Vom glückseligen Leben. Kröner, Stuttgart
293. Huch R (1951) Die Romantik -- Ausbreitung, Blütezeit und Zerfall. Wunderlich, Tübingen
294. Cicero (Ausg 1964) Vom rechten Handeln (De officiis libri III). Artemis, Zürich
295. Marc Aurel (Ausg 1973) Selbstbetrachtungen. Kröner, Stuttgart
296. Montaigne M de (Ausg 1953) Essais. Manesse, Zürich
297. Schopenhauer A (Ausg 1974) Aphorismen zur Lebensweisheit. Kröner, Stuttgart
298. Aristoteles (Ausg 1998) Nikomachische Ethik, Buch VI. Klostermann, Frankfurt/Main
299. Foucault M (1973) Wahnsinn und Gesellschaft. Suhrkamp, Frankfurt/Main
300. Weber M (1956) Soziologie -- Weltgeschichtliche Analysen -- Politik. Kröner, Stuttgart
301. Weber M (1956) Vom inneren Beruf der Wissenschaft. In: [300]
302. Wilson EO (1998) Die Einheit des Wissens. Siedler, Berlin
303. Kogon E (1998) Bedingungen der Humanität. Beltz, Weinheim (Gesammelte Schriften, Bd 7)

304. Patzig G (1999) Mehr als bloße Üblichkeiten. Sokrates und die Gültigkeit von Moral und Menschenrecht. FAZ 19: III (Ereignisse und Gestalten)
305. Hawkin S, Penrose R (1998) Raum und Zeit. Rowohlt, Reinbek bei Hamburg
306. Groenewoud JH et al. (1997) Physician-assisted death in psychiatric practice in the Netherlands. NEJM 336: 1795
307. Csef H (1997) Aktive Euthanasie oder bessere Palliativtherapie? Internist 38: 1077
308. Mihan L, Windeler J (1999) Die methodische Qualität kontrollierter Studien in der "Medizinischen Klinik". Med Klinik 94: 1
309. Pico della Mirandola (Ausg 1997) De hominis dignitate (Über die Würde des Menschen). Reclam, Stuttgart (Universal-Bibliothek 9658)
310. Bobbio N (1998) Das Zeitalter der Menschenrechte. Ist Toleranz durchsetzbar? Wagenbach, Berlin
311. Papst Johannes Paul II (1998) Fides et Ratio. Christiana, Stein am Rhein
312. Volpi F, Nida-Rümelin J (Hrsg) (1988) Lexikon der philosophischen Werke. Kröner, Stuttgart
313. Schischkoff G (Hrsg) (1991) Philosophisches Wörterbuch, 22. Aufl. Kröner, Stuttgart
314. Egger, M, GDSmith (1998) Bias in location and selection of studies. BMJ 316: 7124
315. Smith GD, Egger M (1998) Meta-analysis unresolved issues and future developments. BMJ 316: 7126
316. Löwith K (1989) Mein Leben in Deutschland vor und nach 1933. Ein Bericht. Suhrkamp, Frankfurt/Main
317. Rorty R (1987) Der Spiegel der Natur. Eine Kritik der Phiolosphie. Suhrkamp, Frankfurt/Main (stw 686)
318. Enzensberger HM (1996) Voltaires Neffe. Suhrkamp, Frankfurt/Main
319. Rüpke G (1975) Schwangerschaftsabbruch und Grundgesetz. Suhrkamp, Frankfurt/Main (edition suhrkamp 815)
320. Strauss A, Hepp H (1998) Höhergradige Mehrlinge. Perinatologische Herausforderung und Konsequenzen. Gynäkologe 31: 275
321. Hepp H (1998) Höhergradige Mehrlingsgravidität -- auch ein ethisches Problem medizinischen Fortschritts. Gynäkologe 31: 261
322. Thomson JA et al. (1998) Embryonic stem cell lines derived from human blastocysts. Science 282: 1145
323. Friedmann T (1977) Gentherapie: Viren als Vehikel. Spektrum der Wissenschaft, Nr 10: 50
324. Haseltine WA (1997) Gensuche für medizinische Entwicklungen. Spektrum der Wissenschaft, Nr 5: 64
325. Ropers H-H (1998) Die Erforschung des menschlichen Genoms. Ein Zwischenbericht. Dtsch Ärztebl 95: A 663
326. Epikur (Ausg 1988) Philosophie der Freude. Insel, Frankfurt/Main (Insel Tb 1057)
327. Moher D (1998) Does quality of reports of randomised trials affect estimates of intervention efficacy reported in meta-analyses? Lancet 352: 609
328. Obermann K (1999) Rationierung in der Medizin aus ökonomischer Sicht. Med. Klinik 94: 110
329. (Study Group) (1998) The Long-term Intervention with Pravastasin in Ischemic Disease. NEJM 339: 1349
330. Scherbaum WA (1999) Die Rolle problemorientierter Lernprogramme in der inneren Medizin. Med Klinik 94: 74

331. Epplen JT, Przuntek H (1998) Morbus Huntington: Im Spannungsfeld zwischen Klinik, Gendiagnostik und Gentherapie. Dtsch Ärztebl 95/1--2: A-32
332. Clemm C (1999) Lebensqualität bis zuletzt. MMW 141: 39
333. Arendt H (1967) Vita activa oder Vom tätigen Leben. Piper, München
334. Foucault M (1981) Archäologie des Wissens. Suhrkamp, Frankfurt/Main (stw 356)
335. Bauer M, Mayer H, Wittstock U (1999) Naturalisierungen (Editorial). Neue Rundschau 110/3: 5
336. Ferber R (1998) Philosophische Grundbegriffe, 5. Aufl. Beck, München
337. Pauen M (1999) Materialismus und Metaphysik. Können naturwissenschaftliche Erkenntnisse Bewußtsein und Subjektivität in Frage stellen? Neue Rundschau 110/3: 29
338. Hahn A (1999) Die Systemtheorie Wilhelm Diltheys. Leske & Budrich, Opladen (Berliner Journal für Soziologie, Bd 9, Heft 1)
339. Pöppel E (1999) Von Menschen und Molekülen -- Ärztliches Handeln und medizinisches Wissen. Vortragsmanuskript, 23.07. (pers. Mitteilung)
340. Mainzer K (1997) Komplexität in der Natur. Nova acta Leopoldina, NF 76, Nr 303: 165 ff
341. Ganjour A, Lauterbach KW (1999) Allokationsproblematik im Kontext beschränkter finanzieller Ressourcen. Internist 40: 255
342. Simon J (1999) Embryonenschutz -- die europäische Dimension. Spektrum der Wissenschaft, Nr 5: 135
343. Murken J (1999) Ethische Probleme im Kontext genetischer Beratung und Diagnostik. Internist 40: 286
344. Deutsche Forschungsgemeinschaft (1999) Staatsziel Tierschutz: Auswirkungen auf die Forschung. Stellungnahme der DFG vom 23.03.
345. Huch R (1951) Die Romantik -- Ausbreitung, Blütezeit, Zerfall. Wunderlich, Tübingen
346. Pöppel E (1994) Überlegungen zu den Lebenswissenschaften. Vortragsmanuskript, 24.01. (pers. Mitteilung)
347. Seegenschmidt MH, Herrmann T (1999) Fragen und Antworten zum Wert klinischer Studien (Symposium). Med Klinik 94 [Suppl II]
348. Reumann K (1999) Freiheit zur Muße. FAZ, 21.07.
349. Koch A, Windeler J (1999) Testen, Schätzen,"Signifikanz" --Konzept und Sprache der Biometrie. Med Klinik 94: 407
350. Söling HD (1999) Klinische Forschung in Deutschland. Med Klinik 94: 282
351. Schuster HP (1999) Ethische Probleme im Bereich der Intensivmedizin. Internist 40: 260
352. Klaschik E (1999) Sterbehilfe, Sterbebegleitung. Internist 40: 276
353. Chin AE et al. (1999) Legalized physician-assisted suicide in Oregon -- the first year's experience. NEJM 340: 577
354. Hoerster N (1998) Sterbehilfe im säkularen Staat. Suhrkamp, Frankfurt/Main
355. (Xenotransplantation) (1999) Stellungnahme des Wissenschaftlichen Beirates der Bundesärztekammer. Dtsch Ärztebl 96: C-1402
356. Angstwurm H (1999) Todesdefinition sowie Hinweise zum Hirntod, Teilhirntod und Herztod. Internist 40: 283
357. Fink-Eitel H (1992) Foucault zur Einführung, 2. Aufl. Junius, Hamburg
358. Konersmann R (1997) Der Philosoph mit der Maske Michel Foucaults. In: Foucault M: Die Ordnung des Diskurses. Fischer Tb, Frankfurt/Main
359. James W (1975) Pragmatismus. Ausgewählte Texte, hg. von E. Martens. Reclam, Stuttgart (Universal-Bibliothek 9799)

360. Bock KD (1993) Wissenschaftliche und alternative Medizin. Springer, Berlin Heidelberg New York Tokyo

361. Schöne-Seifert B (1996) Medizinethik. In: Nida-Rümelin J (Hg) Angewandte Ethik. Kröner, Stuttgart

362. Winnacker E-L, Rendtorff T, Hepp H, Hofschneider PH, Korff W (1999) Gentechnik: Eingriffe am Menschen. 3. Aufl. bearbeitet von A Haniel. Herbert Urz Verlag Wissenschafft, München

363. Hallek M, Winnacker E-L (1999) Ethische und juristische Aspekte der Gentherapie. Herbert Utz Verlag Wissenschaften, München

364. Saar M (2000) Die Kunst des Lebens. Nietzsche und Stifter. Neue Rundschau :47

365. Falke G (2000) Dekadenter Klassizismus. Neue Rundschau :37

366. Fischer K (2000) Ein Geruch von Grausamkeit. Nietzsche als Avangardist der Rationalisierungskritik. Neue Rundschau :58

367. Bölscher J v d Schulenburg JM (1999) Messung der Lebensqualität am Beispiel der Schizophrenie. Arzneimitteltherapie 17:372

368. Creutzfeldt W, Weihrauch Th (1999) Kommerzialisierung der klinischen Forschung: Erkenntnisgewinn, Interessenkonflikte, Abhängigkeit? Z f Gastroeterologie Suppl 2

369. Martini P (1932) Methodenlehre der therapeutischen Untersuchung, 4. Aufl. zus. mit Oberhoffer G, Welte E (1968) Methodenlehre der therapeutisch-klinischen Forschung. Springer, Berlin Heidelberg New York

370. Spies M (1993) Unsicheres Wissen. Wahrscheinlichkeit, Fuzzi-Logik, neuronale Netze und menschliches Denken. Spektrum Akademischer Verlag, Heidelberg Berlin Oxford

371. Kaiser G et al (1996) Die Zukunft der Medizin. Campus Verlag, Frankfurt New York

372. Brown TA (1999) Moderne Genetik. Spektrum Akademischer Verlag. Heidelberg Berlin Oxford

373. Singer P (1998) Leben und Tod. Der Zusammenbruch der traditionellen Ethik. Harald Fischer Verlag, Erlangen

374. Bundesärztekammer (1999) Handreichungen für Ärzte zum Umgang mit Patientenverfügungen. Dt Ärztebl 43 A: 2720

375. Stellungnahme des Wissenschaftlichen Beirates der Bundesärztekammer zur Xenotransplantation (2000) Dt Ärztebl 97 H 6: C-253

376. Türcke Ch (1989) Der tolle Mensch. Fischer Taschenbuch Verlag, Frankfurt

377. Jaspers K (1983) Was ist Philosophie? Deutscher Taschenbuch Verlag, München

378. Jaspers K (1971) Die geistige Situation der Zeit (1931). Sammlung Göschen 3000, Walter de Gruyter Verlag, Berlin